遥感技术

YAOGAN JISHU

重庆大学出版社

主　编◎强德霞

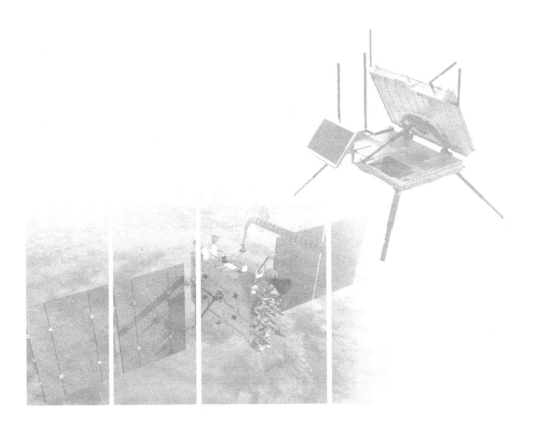

重庆大学出版社

内容提要

本书以遥感技术系统为主线,以遥感图像制图过程与应用为主体,结合具体的遥感图像处理工程实践,并参考《遥感影像地图制作规范》等标准编写而成。具体内容包括以下 7 个模块:遥感基础、遥感平台与信息获取、遥感图像处理、遥感图像的增强、遥感图像目视判读、遥感图像计算机分类及遥感专题图制作。

本书可供高职高专摄影测量与遥感技术、测绘地理信息技术、工程测量技术、地籍测绘与土地管理和测绘工程技术等专业的学生使用,也可供遥感相关方向科研和生产人员参考。

图书在版编目(CIP)数据

遥感技术 / 强德霞主编. -- 重庆:重庆大学出版社,2024.1
高等职业教育理工类活页式系列教材
ISBN 978-7-5689-4221-8

Ⅰ.①遥… Ⅱ.①强… Ⅲ.①遥感技术—高等职业教育—教材 Ⅳ.①TP7

中国国家版本馆 CIP 数据核字(2024)第 002033 号

遥感技术

主　编　强德霞
责任编辑:秦旖旎　　版式设计:秦旖旎
责任校对:谢　芳　　责任印制:张　策

*

重庆大学出版社出版发行
出版人:陈晓阳
社址:重庆市沙坪坝区大学城西路 21 号
邮编:401331
电话:(023)88617190　88617185(中小学)
传真:(023)88617186　88617166
网址:http://www.cqup.com.cn
邮箱:fxk@ cqup.com.cn (营销中心)
全国新华书店经销
重庆愚人科技有限公司印刷

*

开本:787mm×1092mm　1/16　印张:12　字数:302 千
2024 年 1 月第 1 版　2024 年 1 月第 1 次印刷
ISBN 978-7-5689-4221-8　定价:45.00 元

本书如有印刷、装订等质量问题,本社负责调换
版权所有,请勿擅自翻印和用本书
制作各类出版物及配套用书,违者必究

前言

遥感，让遥远不再遥远，让感知近在眼前。遥感作为采集地球数据及其变化信息的技术手段，实现了太空对地观测。目前遥感技术已经形成了一个较为完备的技术体系与理论体系，并与多个学科结合，在陆地、海洋、大气、环境等多个领域完成不同时空尺度、多层次、全方位的数据采集，广泛地应用于人们生产和生活的方方面面。

遥感技术课程是高职高专测绘类专业的重要课程。本书以遥感技术系统为主线，以遥感图像制图过程与应用为主体，结合具体的遥感图像处理工程实践，并参考《遥感影像地图制作规范》等标准编写而成。书中具体介绍了遥感的概念、物理基础，遥感图像的预处理、分类，以及专题图的制作等相关知识及技能点。本书突出课程内容的应用性与实践性，采用模块化方式编写，分解知识点与技能点，采用遥感图像处理软件ERDAS IMAGING对遥感图像进行处理，强调系统性、实用性，使学生能够掌握每一模块的相关知识点与技能点。本书可供高职高专摄影测量与遥感技术、测绘地理信息技术、工程测量技术、地籍测绘与土地管理和测绘工程技术等专业的学生使用，也可供遥感相关方向科研和生产人员参考。

本书由甘肃林业职业技术学院多名教学经验丰富的教师共同编写。全书共7个模块，其中模块1由张军伟编写，模块2由周健编写，模块3由苟彦梅编写，模块4、模块6、模块7由强德霞编写，模块5由章武英编写。全书由强德霞统稿。

由于遥感学科发展迅速，编者水平有限，时间仓促，书中不足之处在所难免，恳请读者指正。

编　者
2023年10月

目录

模块1 遥感基础 1
  知识点1　遥感的基本概念 1
  知识点2　遥感技术的发展历史与发展趋势 5
  习题1 8
  考核评价 9

模块2 遥感平台与信息获取 10
  知识点1　遥感的物理基础 10
  知识点2　遥感平台及分类 27
  知识点3　遥感数据的获取 28
  知识点4　遥感传感器及图像特征 34
  知识点5　遥感图像的类型和存储格式 39
  习题2 41
  考核评价 41

模块3 遥感图像处理 42
  知识点1　遥感图像 42
    技能点1　了解 ERDAS IMAGE 遥感图像处理软件 48
  知识点2　遥感图像的校正 57
    技能点2　遥感图像的几何校正 64
    技能点3　遥感图像镶嵌 70
    技能点4　图像重投影变换 76
    技能点5　遥感图像裁剪 79
  习题3 82
  考核评价 83

模块4 遥感图像的增强 84
  知识点　遥感图像增强 85
    技能点1　遥感图像空间增强 102

　　　　技能点 2　遥感图形辐射增强 …………………………………… 108
　　　　技能点 3　遥感图像光谱增强 …………………………………… 114
　　　　技能点 4　遥感图像融合 ………………………………………… 118
　　习题 4 …………………………………………………………………… 123
　　考核评价 ………………………………………………………………… 124

模块 5　遥感图像目视判读 ………………………………………………… 125
　　知识点　遥感图像目视判读原理 ……………………………………… 125
　　　　技能点　目视判读的方法与步骤 ………………………………… 132
　　习题 5 …………………………………………………………………… 143
　　考核评价 ………………………………………………………………… 143

模块 6　遥感图像计算机分类 ……………………………………………… 144
　　知识点　分类原理及过程 ……………………………………………… 144
　　　　技能点 1　监督分类 ……………………………………………… 147
　　　　技能点 2　非监督分类 …………………………………………… 161
　　习题 6 …………………………………………………………………… 168
　　考核评价 ………………………………………………………………… 168

模块 7　遥感专题图制作 …………………………………………………… 170
　　　　技能点　专题图制作 ……………………………………………… 170
　　习题 7 …………………………………………………………………… 183
　　考核评价 ………………………………………………………………… 183

参考文献 ……………………………………………………………………… 184

模块 1

遥感基础

知识目标：
(1) 掌握遥感的基本概念。
(2) 掌握遥感技术系统的组成。
(3) 掌握遥感过程及特点。
(4) 了解遥感的发展。

技能目标：
掌握遥感过程。

素质目标：
(1) 培养自主学习、分析问题及解决问题的能力。
(2) 培养爱国情怀，激发科技报国的家国情怀和使命担当。

模块导入：
遥感技术是 20 世纪 60 年代发展起来的一种对地探测和识别的综合性技术，是在航空摄影和判读的基础上随航天技术和电子计算机技术的发展形成的。经过几十年的迅速发展，到 21 世纪初，遥感技术已广泛应用于资源环境、水文、气象、地质地理等领域，成为一门实用的、先进的空间探测技术。未来，遥感技术将步入一个能快速、及时提供多种对地观测数据的新阶段。

知识点 1　遥感的基本概念

一、遥感

(一) 遥感的概念

遥感即为遥远的感知，广义的遥感泛指各种非接触的、远距离的探测技术。从传播信息载体或媒介定义，主要是指对电磁波、力场、声波、地震波等的探测。从目标与观测者的相对位置关系定义，主要为空对地、地对空、空对空的探测。

狭义的遥感是指运用探测仪器，不与目标物直接接触，远距离记录目标物的电磁波特性，通过分析、解译揭示出目标物的特征、性质及其变化规律的现代化技术系统。

通常说的遥感是指空对地的遥感，即从远离地面的不同工作平台上（如高塔、气球、飞机、火箭、人造地球卫星、宇宙飞船、航天飞机等）通过传感器，对地球表面的电磁波（辐射）信息进行探测,并经信息的传输、处理和判读分析,对地球的资源与环境进行探测和监测的综合性技术。当前遥感形成了一个从地面到空中,乃至空间,从信息数据收集、处理到判读分析和应用,对全球进行探测和监测的多层次、多视角、多领域的观测体系,成为获取地球资源与环境信息的重要手段。

(二)遥感的特点

遥感作为一门对地观测综合性技术,它的出现和发展是人们认识和探索自然界的客观需要,且有其他技术手段与之无法比拟的特点。遥感技术的特点归结起来主要有以下四个方面。

1. 快速大面积观测

遥感探测能在较短的时间内,从空中乃至宇宙空间对大范围地区进行对地观测,并从中获取有价值的遥感数据。遥感观测不受地形阻隔等限制,且遥感平台越高,视角越宽越广,同步观测到的地面范围越大。如一幅陆地卫星 TM 图像可反映 34 225 km^2(185 km×185 km)的景观实况,且在 5~6 min 内可扫描完成;一幅地球同步气象卫星图像可覆盖 1/3 的地球表面。这些数据拓展了人们的视觉空间,为宏观地掌握地面事物的情况创造了极为有利的条件,同时也为宏观地研究自然现象和规律提供了宝贵的第一手资料。

2. 动态反映地面事物的变化

遥感探测能周期性、反复地对同一地区进行对地观测,这有助于人们通过所获取的遥感数据,发现并动态地跟踪地球上许多事物的变化,同时研究自然界的变化规律。尤其是在监视天气状况、自然灾害、环境污染甚至军事目标等方面,遥感的运用就显得格外重要。如陆地卫星 4/5 每 16 天可对全球陆地表面成像一遍;Meteosat 每 30 分钟获取一次同一地区的图像;NOAA 气象卫星每天能收到两次图像,FY-2 气象卫星每半小时对地观测一次,FY-1 气象卫星可以每天两次对同一地区进行观测,观测数据的时效性为灾害的预报、抗灾救灾等工作提供可靠的科学依据和资料。

3. 多手段获得综合性数据

遥感不仅能获得地物可见光波段的信息,而且可获得紫外、红外、微波等波段信息;不仅能用摄影方式获取信息,还可通过扫描获得数据。遥感探测所获取的是同一时段、覆盖大范围地区的遥感数据,这些数据综合地展现了地球上许多自然与人文现象,宏观地反映了地球上各种事物的形态与分布,真实地体现了地质、地貌、土壤、植被、水文、人工构筑物等地物的特征,全面地揭示了地理事物之间的关联性,并且这些数据在时间上具有相同的现势性。

4. 广泛的应用领域

遥感已广泛应用于城市规划、农业估产、资源清查、地质探矿、环境保护等诸多领域,随着遥感图像的空间、时间和光谱分辨率的提高,以及与地理信息系统、全球定位系统的结合,其应用领域更加广泛,对地观测技术也会随之步入一个更高的发展阶段。此外,与传统方法相比,遥感技术的开发和利用大大节省了人力、物力和财力,同时还在很大程度上减少了时间的耗费。且在自然条件极为恶劣、人类难以到达的地区,如沙漠、沼泽等,采用不受地面条件限制的遥感技术,可方便、及时地获取宝贵资料。

(三)遥感的分类

1. 按遥感平台分类

遥感平台是遥感过程中搭载传感器的运载工具。主要的遥感平台有高空气球、飞机、火箭、人造卫星、载人宇宙飞船等,根据遥感平台的不同,可分为:

- 地面遥感　传感器设置在地面上,如车载、船载、手提、高架平台等。
- 航空遥感　传感器设置在航空器上,如气球、飞机、航空器等。
- 航天遥感　传感器设置在航天器上,如人造地球卫星、航天飞机等。
- 航宇遥感　传感器设置在星际飞船上,只对地月系统外的目标进行探测。

2. 按探测波段分类

遥感按常用的电磁波谱段不同分为紫外遥感、可见光遥感、红外遥感和微波遥感。

- 紫外遥感　探测波段为 $0.05 \sim 0.38~\mu m$,主要遥感方式为紫外摄影。
- 可见光遥感　探测波段为 $0.38 \sim 0.76~\mu m$,是应用较为广泛的一种遥感方式,可见光摄影遥感具有较高的地面分辨率,但只能在晴朗的白昼使用。
- 红外遥感　探测波段为 $0.76 \sim 1\,000~\mu m$。其中近红外遥感波长为 $0.76 \sim 1.5~\mu m$,用感光胶片直接感测;中红外遥感,波长为 $1.5 \sim 5.5~\mu m$;远红外遥感,波长为 $5.5 \sim 1\,000~\mu m$。中、远红外遥感常用于遥感物体的辐射,具有昼夜工作的能力,常用的遥感器是光学机械扫描仪。
- 微波遥感　探测波段为 $1~mm \sim 10~m$,具有昼夜工作的能力,但空间分辨率较低,常采用合成孔径雷达作为微波遥感器。

3. 按波段宽度及波谱的连续性分类

- 高光谱遥感　利用很多狭窄的电磁波波段产生光谱连续的图像数据。
- 常规遥感　又称宽波段遥感,波段宽一般大于 100 nm,且波段在波谱上不连续。

4. 按工作方式分类

(1) 根据传感器是主动还是被动获取目标物电磁波信号的工作方式分类

- 主动遥感　由传感器主动发射一定电磁波能量并接收目标的后向散射信号。工作时主动向目标物发射电磁波,同时接收目标物反射或散射回来的电磁波。
- 被动遥感　传感器仅接收目标物的自身发射和对自然辐射能量的反射信号。工作时直接接收来自地物反射自然辐射源(太阳)的电磁辐射或自身发出的电磁辐射。

(2) 根据传感器是否成像的工作方式分类

- 成像遥感　传感器接收的目标电磁辐射信号可以转换成数字或模拟图像。
- 非成像遥感　传感器接收的目标电磁辐射信号不能形成图像,只能获得数据和曲线记录。如使用红外辐射温度计、激光测高仪等进行的航空或航天遥感为非成像遥感。

5. 按应用领域分类

- 从总体应用领域可以分为外层空间遥感、大气遥感、陆地遥感、海洋遥感等。
- 从具体应用领域可分为资源遥感、环境遥感、农业遥感、林业遥感、渔业遥感、地质遥感、气象遥感、水文遥感、城市遥感、军事遥感等。

二、遥感过程及技术系统

(一)遥感过程

太阳辐射经过大气层到达地面,一部分与地面发生作用后反射,再次经过大气层到达传感器,传感器将这部分能量记录下来,传回地面,这个过程称为遥感过程。遥感过程包括遥感信息的接收、处理及判读分析与应用的全过程,如图1-1所示。如森林火灾发生的时候,一个载有热红外波段传感器的卫星经过林火上空,传感器会拍摄到火灾周围上万平方千米的影像。由于着火的树木比没有着火的树木温度高,它们在电磁波的热红外波段会辐射出比没有着火的树木更多的能量,在影像上表现为着火的树木的色调更亮。经过专业人员的快速成图处理,消防指挥员可根据经加工处理的遥感影像图,清晰地看到受灾程度、范围及计算火势蔓延速度,依据火速、火势、火向调遣灭火队员前往不同地点、采取不同方法参加灭火战斗,以节省人力和物力,达到最大限度的减灾。

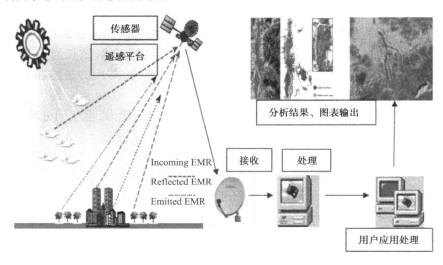

图1-1 遥感过程

(二)遥感技术系统

遥感技术系统是个完整的统一体。根据遥感的定义,遥感系统主要由信息源、信息获取、信息接收、信息处理和信息应用五部分组成。

1. 信息源

信息源是遥感需要对其进行探测的目标物。任何目标物都具有反射、吸收、透射及辐射电磁波的特性,当目标物与电磁波发生相互作用时会形成目标物的电磁波特性,这就为遥感探测提供了获取信息的依据。

2. 信息获取

信息获取是指运用遥感技术装备收集、记录目标物电磁波特性的探测过程。信息获取所采用的遥感技术装备主要包括遥感平台和传感器。其中,遥感平台是用来搭载传感器的运载工具,常用的有气球、飞机和人造卫星等。传感器是用来探测目标物电磁波特性的仪器设备,常用的有照相机、扫描仪和成像雷达等。

3. 信息接收

传感器接收到地物目标的电磁波信息,将数据记录在胶片或数字磁带上。胶片由人或回收舱送至地面回收,数字磁介质上记录的信息通过卫星上的微波天线传输给地面的卫星接收站。

4. 信息处理

信息处理是指运用光学仪器和计算机设备对所获取的遥感信息进行校正、分析和解译处理的技术过程。其作用是通过信息处理掌握或清除遥感原始信息的误差,梳理、归纳出被探测目标物的影像特征,然后依据特征从遥感信息中识别并提取所需的有用信息。

5. 信息应用

信息应用是指专业人员按不同的目的将遥感信息应用于各业务领域的使用过程。信息应用的基本方法是将遥感信息作为地理信息系统的数据源,供人们进行查询、统计和分析利用。遥感的应用领域十分广泛,最主要的有军事、地质矿产勘探、自然资源调查、地图测绘、环境监测以及城市建设和管理等。

知识点2　遥感技术的发展历史与发展趋势

一、国际遥感发展

遥感(Remote Sensing,简称 RS),最早是由美国海军研究局的艾弗林·普鲁伊特提出。遥感技术是以航空摄影技术为基础,在 20 世纪 60 年代初发展起来的一门新兴技术,增强了人类在区域以至全球尺度上开发资源、动态监测地表信息变化的能力。

1957 年苏联发射了人类第一颗人造卫星,标志着人类进入太空时代。20 世纪 60 年代初,人类实现了从太空观察地球的壮举,并取得了第一批从宇宙空间拍摄的地球卫星图像,从此人类开始以全新的视角来认识自己赖以生存的地球。20 世纪 70 年代初,美国发射了用于探测地球资源和环境的地球资源技术卫星(陆地卫星-1),为航天遥感的发展及广泛应用开创了一个新局面。至今,世界各国共发射了各种人造地球卫星已超过 3 000 颗,通过不同高度的卫星及其载有的不同类型的传感器,不间断地获取地球上的各种信息,如图 1-2 所示。航空遥感和航天遥感各自发挥优势,融为一个整体,构成现代遥感技术系统,为进一步认识和研究地球、合理开发地球资源,提供了强有力的现代化手段。

纵观遥感的发展,遥感技术已经渗透到国民经济的各个领域,对推动经济建设、社会进步、环境改善和国防建设起到重大作用。但是当前遥感仍处于从实验阶段向生产型和商业化过渡的阶段,在其实时监测处理能力、观测精度及定量化水平、遥感信息机理、应用模型建立等方面仍不能满足实际应用要求。因此,今后遥感将进入一个更为艰巨的发展历程,各个学科领域的科技人员应协同研究,共同促进遥感的更大发展。

(a)山东威海主城区1.8 m分辨率卫星影像,1965年

(b)以色列核武器研究中心卫星影像,1971年

(c)"911"袭击卫星影像,2001年

(d)美国华盛顿GEOEYE卫星影像,2011年

图1-2 现代遥感发展阶段

二、我国遥感发展

我国疆土辽阔,自然环境复杂多样,自然资源丰富。遥感的发展对清查和掌握我国自然资源及推动国民经济发展起着重要的作用。

20世纪50年代开始,我国组建队伍开展航空摄影和应用工作。有关院校设立了航空摄影专业或课程,培养专业人才,为我国的遥感事业发展打下基础。20世纪70年代初,我国成功发射了第一颗人造地球卫星,开启了我国遥感事业的大门。20世纪80年代,遥感卫星发展空前活跃,太阳同步轨道的"风云一号"气象卫星和地球同步轨道的"风云二号"的发射,使我国开展宇宙探测、通信、科学实验、气象观测等研究有了自己的信息源。随后,"北斗一号""北斗二号"定位导航卫星及"清华一号"的成功发射,丰富了我国卫星的类型。此后,随着我国遥感事业的进一步发展,我国的地球观测卫星及不同用途的多种卫星也形成对地观测系列,并进入世界先进行列。2006年"遥感卫星一号",2007年"遥感卫星二号""遥感卫星三号",2008年"遥感卫星四号",2009年"遥感卫星六号",2010年"遥感卫星十号""遥感卫星十一号",这些卫星主要用于科学实验、国土资源普查、农作物估产及防灾减灾等领域,对我国国民经济发展发挥着积极的作用。2015—2019年,我国发射了第一套自主研发的商业遥感卫星"吉林一号"商业卫星,"吉林一号"一箭四星的成功发射标志着中国航天遥感应用向商业化、产业化发展迈出了重要的一步。我国遥感事业的快速发展离不开国家的重视和支持,国家成立了遥感中心，集中领导及协调全国的遥感发展，并集中人力、物力进行科技攻关、重点突破，不但缩短了与国际遥感先进水平的差距，还在个别领域达到国际先进水平。我国疆域辽阔，自然环境复杂，为建设美丽中国，国家先后组织大区域遥感工程，完成区域的治理开发及规划，为2035年实现生态环境根本好转，美丽中国目标基本实现做出贡献。

随着遥感技术的发展，获取地球环境信息的手段越来越多，信息越来越丰富。因此，为了充分利用这些信息，建立全面收集、整理、检索以及科学管理这些信息的空间数据库和管理系统，加快进行遥感信息机理研究，进行多种信息源的信息复合及环境信息的综合分析，构成当前遥感发展的前沿课题。在未来的发展中，伴随着我国综合国力的上升，经济的高速发展，相信我国的遥感技术一定会走在世界前列，一定会从各个方面更好地为国民经济建设服务，一起向未来，建设美丽新中国。

三、遥感发展趋势

随着科学技术的进步，光谱信息成像化、雷达成像多极化、光学探测多向化、地学分析智能化、环境研究动态化以及资源研究定量化，大大提高了遥感技术的实时性和运行性，使其向多尺度、多频率、全天候、高精度和高效快速的目标发展。

①遥感影像获取技术更先进。随着高性能的新型传感器研发水平的提高，高空间和高光谱分辨率是卫星遥感影像获取技术的发展趋势；雷达遥感具有全天时、全天候获取影像以及穿透地物的能力，提高了环境资源的动态监测能力；开发和完善陆地表面温度和发射率的分离技术，定量估算和监测陆地表面的能量交换和平衡过程，在全球气候变化的研究中发挥更大的作用；由航天、航空和地面观测台站网络等组成以地球为研究对象的综合对地观测数据获取系统，具有提供定位、定性和定量以及全天候、全时域和全空间的数据能力。

②遥感信息处理方法和模型更科学。神经网络、小波、分形、认知模型、地学专家知识以及影像处理系统的集成等信息模型和技术，大大提高了多源遥感技术的融合、分类识别以及提取的精度和可靠性。多平台、多层面、多传感器、多时相、多光谱、多角度以及多空间分辨率的融合与复合应用，是目前遥感技术的主要发展方向。

③一体化计算机和空间技术的发展、信息共享的需要以及地球空间与生态环境数据的空间分布式和动态时序等特点，将推动3S一体化。3S一体化将最终建成新型的地面三维信息和地理编码影像的实时或准实时获取与处理系统。

④建立国家环境遥感应用系统。国家环境遥感应用系统将利用卫星遥感数据和地面环境监测数据，建立天地一体化的国家级生态环境遥感监测预报系统以及重大污染事故应急监测系统，可定期报告大气环境、水环境和生态环境的状况。

四、3S集成发展

遥感(RS)技术通过不同遥感传感器来获取地表数据，然后进行处理、分析，最后获得感兴趣地物的有关信息，并且随着遥感技术的发展，这种技术所能获得的信息越来越丰富。地理信息系统(GIS)的长处在于对数据进行分析。如果将两者集成起来，一方面，遥感能帮助地理信息系统解决数据获取和更新的问题；另一方面，可以利用地理信息系统中的数据帮助遥感图像处理。全球定位系统(GPS)在实时定位方面的优势使得GPS与遥感图像处理系统的集成变得很自然。不管是地理信息系统，还是遥感图像处理系统，处理的都是带坐标的数据，而全球定位系统是当前获取坐标最快、最方便的方式之一,同时精度也越来越高。3S集成,即遥感(RS)、地理信息系统(GIS)和全球定位系统(GPS)的集成可谓是水到渠成的事。

(一) RS 与 GIS 的结合

地理信息系统是遥感图像处理和应用的技术支撑,如遥感图像的几何配准、专题要素的演变分析、图像输出等。遥感图像则是地理信息系统的重要信息源,如向地理信息系统提供最现实的基础信息,利用遥感立体图像可自动生成数字高程模型(DEM),为地理信息系统提供地形信息。通过数字图像处理、模式识别等技术,对航天遥感数据进行专题制图,以获取专题要素的基本图像数据及属性信息,为地理信息系统提供图形信息。遥感与地理信息系统内在的紧密关系,决定了两者发展的必然结合。这种结合现在主要应用在地形测绘、数字高程模型数据自动提取、制图特征提取、提高空间分辨率和城市与区域规划以及变形监测等方面。

(二) RS 与 GPS 的结合

遥感与全球定位系统的结合应用,将大大减少遥感图像处理所需要的地面控制点,并且可实时获取数据、实时进行处理,使遥感图像的应用信息直接进入地理信息系统,为地理信息系统数据的现势性提供新的数据接口,由此可加速新一代遥感应用技术系统的自动化进程以及作业流程和处理技术的变革。目前,遥感与全球定位系统的结合主要应用于地形复杂的地区制图、地质勘探、考古、导航、环境动态监测以及军事侦察和指挥等方面。

3S集成是GIS、GPS和RS三者发展的必然结果。3S的迅猛发展使得传统的地球系统科学所涵盖的内容发生了变化,形成了综合的、完整的对地观测系统,提高了人类认识地球的能力。现在也有人不仅限于3S,提出更多的系统集成,将"3S"再加上数字摄影测量系统(DPS)和专家系统(ES)构成"5S",还有将3S系统与实况采集系统(LCS)和环境分析系统(EAS)进行集成以实现地表物体和环境信息的实时采集、处理和分析。

❀ 习题 1

1. 何谓遥感?遥感技术系统主要包括哪几部分?
2. 遥感的主要特点表现在哪几个方面?并举例说明。
3. 根据你所学的知识,列举遥感在你所学专业领域中的应用。

考核评价

考核评价表

专业班级		姓名	
实训地点		学号	
实训项目			
实训时间	_____年_____月_____日星期_____第_____至_____节		
实训目的			
实训内容及步骤	（可另附页）		
实训体会与总结	（可另附页）		
实训要点	知识:1.掌握遥感的概念 　　　2.掌握遥感技术系统的组成 　　　3.掌握遥感特点 技能:掌握遥感过程 素质:1.具备自主学习、分析问题、解决问题的能力 　　　2.诚信独立完成工作任务		
实训成绩	优秀□　良好□　中等□　及格□　不及格□ 　　　　　　　　　　　签名:_____ 　　　　　　　　　　　_____年_____月_____日		

模块 2

遥感平台与信息获取

知识目标：
(1) 了解电磁波性质。
(2) 掌握电磁波谱特性。
(3) 掌握遥感平台的概念与种类。
(4) 掌握陆地遥感卫星。

技能目标：
(1) 能识别同一波段不同地物的电磁波辐射。
(2) 能识别不同波段电磁波的辐射特性。
(3) 能区分不同的遥感平台。
(4) 能区分不同的遥感卫星。

素质目标：
(1) 培养独立思考与团结协作的能力。
(2) 培养自主学习、分析问题及解决问题的能力。
(3) 激发科技强国的家国情怀和使命担当。

模块导入：

遥感是从不同高度的平台，以电磁波为媒介，通过多种传感器用非接触式的方式获取远距离目标和现象的信号，进而推求其位置、属性及数量等信息的一种科学与艺术相融的技术手段。遥感技术是建立在物体电磁波辐射理论基础上的。不同物体具有各自的电磁波反射或辐射特性，使应用遥感技术探测和研究远距离的物体成为可能。理解并掌握地物的电磁波发射、反射、散射特性，电磁波的传输特性，大气层对电磁波传播的影响是正确解释遥感数据的基础。

遥感平台是指装载遥感器的运载工具，是用于安置各种遥感仪器，使其从一定高度或距离对地面目标进行探测，并为其提供技术保障和工作条件的运载工具。在不同高度的遥感平台上，可以获得不同面积、不同分辨率的遥感图像数据。

知识点 1 遥感的物理基础

遥感技术是建立在物体电磁波辐射理论基础上的。不同物体具有各自的电磁辐射特性，因此才有可能应用遥感技术探测和研究远距离的物体。

一、电磁波及其特性

波是振动在空间的传播。如在空气中传播的声波,在水面传播的水波以及在地壳中传播的地震波等,它们都是由振源发出的振动在弹性介质中的传播,这些波统称为机械波。在机械波里,振动着的是弹性介质中质点的位移矢量。光波、热辐射、微波、无线电波等都是由振源发出的电磁振荡在空间的传播,这些波叫作电磁波。在电磁波里,振荡的是空间电场矢量和磁场矢量。电场矢量和磁场矢量互相垂直,并且都垂直于电磁波传播方向,如图2-1所示。

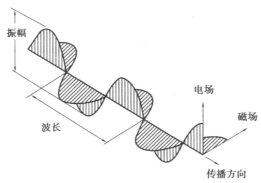

图 2-1　电磁波示意图

电磁波是通过电场和磁场之间相互联系传播的。根据麦克斯韦电磁场理论,空间任何一处只要存在着场,也就存在着能量,变化着的电场能够在它的周围空间激起磁场,而变化的磁场又会在它的周围感应出变化的电场。这样,交变的电场和磁场相互激发并向外传播,闭合的电力线和磁力线就像链条一样,一个一个地套连着,在空间传播开来,形成了电磁波。实际上电磁振荡是沿着各个不同方向传播的。这种电磁能量的传递过程(包括辐射、吸收、反射和透射等)称为电磁辐射。电磁波是物质存在的一种形式,它是以场的形式表现出来的。因此,电磁波即使在真空中也能传播。这一点与机械波有着本质的区别,但两者在运动形式上都是波动。基本的波动形式有两种:横波和纵波。横波是质点振动方向与传播方向相垂直的波,电磁波就是横波。纵波是质点振动方向与传播方向相同的波。例如,声波就是一种纵波。

电磁波具有波动的特性(如干涉、衍射、偏振和色散等现象)。同时,电磁波还具有粒子(量子)性。电磁辐射的粒子性,是指电磁波是由密集的光子微粒组成的,电磁辐射实质上是光子微粒流的有规律运动,波是光子微粒流的宏观统计平均状态,而粒子是波的微观量子化。电磁辐射在传播过程中,主要表现为波动性;当电磁辐射与物质相互作用时,主要表现为粒子性,即为电磁波的波粒二象性。遥感传感器探测目标物在单位时间辐射(反射或发射)的能量时,由于电磁辐射的粒子性,所以某时刻到达传感器的电磁辐射能量才具有统计性。电磁波的波长不同,其波动性和粒子性所表现的程度也不同,一般来说,波长越短,辐射的粒子特性越明显,波长越长,辐射的波动特性越明显。遥感技术正是利用电磁波波粒二象性这两方面特性,探测目标物电磁辐射信息的。

二、电磁波谱

无线电波、微波、红外线、可见光、紫外线、γ射线等都是电磁波,只是波源不同,波长(或频率)也不同,见表2-1。将各种电磁波在真空中的波长(或频率)按其长短,依次排列制成的图表叫作电磁波谱(图2-2)。

表2-1 电磁波工作波段

波段		波长	
无线电波	长波 中波和短波 超短波	>1 m	大于1 000 m 10 ~ 1 000 m 1 ~ 10 m
	微波	1 mm ~ 1 m	
红外线	超远红外 远红外 中红外 近红外	0.76 ~ 1 000 μm	15 ~ 1 000 μm 6 ~ 15 μm 3 ~ 6 μm 0.76 ~ 3 μm
可见光	红 橙 黄 绿 青 蓝 紫	0.38 ~ 0.76 μm	0.62 ~ 0.76 μm 0.59 ~ 0.62 μm 0.56 ~ 0.59 μm 0.50 ~ 0.56 μm 0.47 ~ 0.50 μm 0.43 ~ 0.47 μm 0.38 ~ 0.43 μm
紫外线		1×10^{-3} ~ 3.8×10^{-1} μm	
X 射线		1×10^{-6} ~ 1×10^{-3} μm	
γ 射线		小于 1×10^{-6} μm	

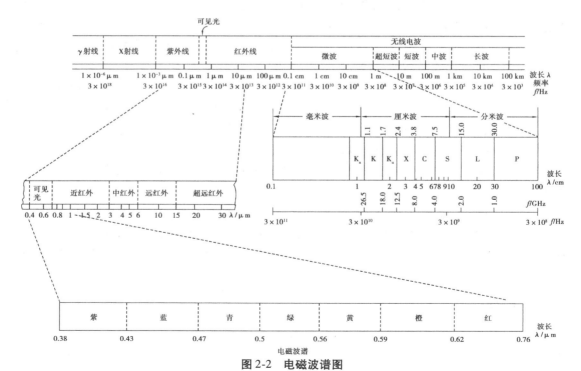

图2-2 电磁波谱图

在电磁波谱中,波长最长的是无线电波,无线电波又依据波长分为长波、中波、短波、超短波和微波。其次是红外线、可见光、紫外线,再次是 X 射线。波长最短的是 γ 射线。整个电磁波谱形成了一个完整、连续的波谱图。各种电磁波的波长(或频率)之所以不同,是由于产生电磁波的波源不同。例如,无线电波是由电磁振荡发射的,微波是利用谐振腔及波导管激励与传输,通过微波天线向空间发射的;红外辐射是由于分子的振动能级和转动能级跃迁产生的;可见光与近紫外辐射是由于原子、分子中的外层电子跃迁产生的;紫外线、X 射线和 γ 射线是由于内层电子的跃迁和原子核内状态的变化产生的;宇宙射线则是来自宇宙空间。

在电磁波谱中,各种类型的电磁波由于波长(或频率)不同,性质就有很大的差别(如在传播的方向性、穿透性、可见性和颜色等方面的差别)。例如,可见光可被人眼直接感觉到,从而看到物体各种颜色;微波可穿透云、雾、烟、雨等。但它们也具有共同性:

①各种类型电磁波在真空(或空气)中传播的速度相同,都等于光速 c,光速 $c = 3 \times 10^{10}$ cm/s。

②遵守统一的反射、折射、干涉、衍射及偏振定律。

目前,遥感技术所使用的电磁波集中在紫外线、可见光、红外线到微波的光谱段,各谱段划分界线在不同资料上略有差异。本书采用表 2-1 中所列出的波长范围。

在电磁波谱中,不同波段常用的波长单位也不相同,在无线电波段波长的单位取千米(km)或米(m);在微波波段波长的单位取厘米(cm)或毫米(mm);在红外线段常取的单位是微米(μm);在可见光和紫外线常取的单位是纳米(nm)或微米(μm)。波长单位的换算如下:

$$1 \text{ nm} = 10^{-3} \text{ } \mu\text{m} = 10^{-7} \text{ cm} = 10^{-9} \text{ m}$$

$$1 \text{ } \mu\text{m} = 10^{-3} \text{ mm} = 10^{-4} \text{ cm} = 10^{-6} \text{ m}$$

除了用波长来表示电磁波外,还可以用频率来表示,如无线电波常用的单位为吉赫(GHz)。习惯上常用波长表示短波段(如 γ 射线、X 射线、紫外线、可见光、红外线等),用频率表示长波段(如无线电波、微波等)。

三、电磁辐射源

自然界中一切物体在发射电磁波的同时,也被其他物体发射的电磁波所辐射。遥感的辐射源可分自然电磁辐射源和人工电磁辐射源两类。

(一)自然辐射源

自然辐射源主要包括太阳辐射和地物的热辐射。太阳是可见光及近红外遥感的主要辐射源,地球是远红外遥感的主要辐射源。

1. 太阳辐射

太阳辐射是地球上生物、大气运动的能源,也是被动式遥感系统中重要的自然辐射源。

太阳表面温度约有 6 000 K,内部温度则更高,太阳辐射覆盖了很宽的波长范围,包括 γ 射线、X 射线、紫外线、可见光、红外线及无线电波,如图 2-3 所示。太阳辐射能主要集中在 $0.3 \sim 3$ μm 段,最大辐射强度位于波长 0.47 μm 左右。由于太阳辐射的大部分能量集中在 $0.4 \sim 0.76$ μm 的可见光波段,所以太阳辐射一般称为短波辐射。

太阳辐射主要是由太阳大气辐射所构成,太阳辐射在射出太阳大气后,已有部分的太阳辐射能为太阳大气(主要是氢和氦)所吸收,使太阳辐射能量受到一定损失。

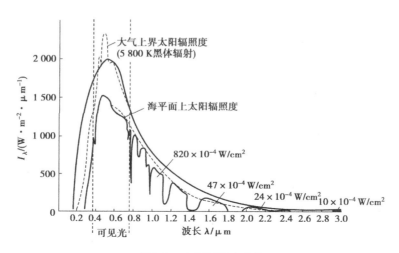

图2-3 太阳辐照度曲线

太阳辐射以电磁波的形式,通过宇宙空间到达地球表面(约 $1.5×10^8$ km),全程时间约500 s。地球挡在太阳辐射的路径上,以半个球面承受太阳辐射。在地球表面上各部分承受太阳辐射的强度是不相等的。当地球处于日地平均距离时,单位时间内投射到位于地球大气上界,且垂直于太阳光射线的单位面积上的太阳辐射能为$(1385±7) W/m^2$。此数值称为太阳常数。一般来说,垂直于太阳辐射线的地球单位面积上所接收到的辐射能量与太阳至地球距离的平方成反比。太阳常数不是恒定不变的,一年内约有7%的变动。太阳辐射先通过大气圈,然后到达地面。由于大气对太阳辐射有一定的吸收、散射和反射,所以投射到地球表面上的太阳辐射强度有很大衰减。

2. 地球的电磁辐射

地球辐射可分为两个部分:短波($0.3 \sim 2.5$ μm)和长波(6 μm 以上)。

地球表面平均温度为 27 ℃(绝对温度 300 K),地球辐射峰值波长为 9.66 μm。在 $9 \sim 10$ μm,地球辐射属于远红外波段。

传感器接收到小于 3 μm 波长,主要是地物反射太阳辐射的能量,而地球自身的热辐射极弱,可忽略不计;传感器接收到大于 6 μm 波长,主要是地物本身的热辐射能量;在 $3 \sim 6$ μm 中红外波段,太阳与地球的热辐射均要考虑。所以在进行红外遥感探测时,选择清晨时间,就是为了避免太阳辐射的影响。地球除了部分反射太阳辐射以外,还以火山喷发、温泉和大地热流等形式,不断地向宇宙空间辐射能量。每年通过地表面流出的总热量约为 $1×10^{21}$ J。

(二)人工辐射源

主动式遥感采用人工辐射源。人工辐射源是指人为发射的具有一定波长(或一定频率)的波束。工作时向目标地物发射信号,通过接收地物散射该光束返回的后向反射信号强弱,从而探知地物或测距,称为雷达探测。雷达又可分为微波雷达和激光雷达。在微波遥感中,目前常用的为侧视雷达。

1. 微波辐射源

在微波遥感中常用的波段为 $0.8 \sim 30$ cm。由于微波波长比可见光、红外线波长要长,因此,在技术上微波遥感应用的主要是电学技术,而可见光、红外遥感应用则偏重光学技术。

2. 激光辐射源

目前研究成功的激光器种类很多。按照工作物质的类型可分为气体激光器、液体激光器、固体激光器、半导体激光器和化学激光器等；按激光输出方式可分为连续输出激光器和脉冲输出激光器。激光器发射光谱的波长范围较宽，短波波长可至 0.24 μm 以下，长波波长可至 1 000 μm，输出功率低的仅几微瓦，高的可达几兆瓦以上。

四、地物的光谱特性

自然界中任何地物都具有其自身的电磁辐射规律，如具有反射、吸收外来的紫外线、可见光、红外线和微波的某些波段的特性；它们又都具有发射某些红外线、微波的特性；少数地物还具有透射电磁波的特性，这种特性称为地物的光谱特性。

（一）地物的反射光谱特性

当电磁辐射能量入射到地物表面上，将会出现三种过程：一部分入射能量被地物反射；一部分入射能量被地物吸收，成为地物本身内能或部分再发射出来；一部分入射能量被地物透射。根据能量守恒定律可得：

$$P_0 = P_\rho + P_\alpha + P_\tau \tag{2-1}$$

式中　P_0——入射的总能量；
　　　P_ρ——地物的反射能量；
　　　P_α——地物的吸收能量；
　　　P_τ——地物的透射能量。

式(2-1)两端同除以 P_0，得

$$1 = \frac{P_\rho}{P_0} + \frac{P_\alpha}{P_0} + \frac{P_\tau}{P_0} \tag{2-2}$$

令 $P_\rho/P_0 \times 100\% = \rho$（反射率），即地物反射能量与入射总能量的百分率。
$P_\alpha/P_0 \times 100\% = \alpha$（吸收率），即地物吸收能量与入射总能量的百分率。
$P_\tau/P_0 \times 100\% = \tau$（透射率），即地物透射的能量与入射总能量的百分率。
则式(2-2)可写成：

$$\rho + \alpha + \tau = 1 \tag{2-3}$$

对于不透明的地物，$\tau = 0$，式(2-3)可写成：

$$\rho + \alpha = 1 \tag{2-4}$$

式(2-4)表明，对于某一波段反射率高的地物，其吸收率就低，即为弱辐射体；反之，吸收率高的地物，其反射率就低。地物的反射率可以测定，而吸收率则可通过式(2-4)求出，即 $\alpha = 1 - \rho$。

（二）地物的反射率

不同地物对入射电磁波的反射能力是不一样的，通常采用反射率（或反射系数或亮度系数）来表示。它是地物对某一波段电磁波的反射能量与入射的总能量之比，其数值用百分率表示。地物的反射率随入射波长而变化。

地物反射率的大小，与入射电磁波的波长、入射角的大小以及地物表面颜色和粗糙度等有关。一般地说,当入射电磁波波长一定时,反射能力强的地物,反射率大,在黑白遥感图像上呈现的色调就浅。反之,反射入射光能力弱的地物,反射率小,在黑白遥感图像上呈现的色调就深。在遥感图像上色调的差异是判读遥感图像的重要标志。

(三)地物的反射光谱

地物的反射率随入射波长变化的规律,叫作地物反射光谱。按地物反射率与波长之间关系绘成的曲线(横坐标为波长值,纵坐标为反射率)称为地物反射光谱曲线。不同地物由于物质组成和结构不同具有不同的反射光谱特性。因而可以根据遥感传感器所接收到的电磁波光谱特征的差异来识别不同的地物,这就是遥感的基本出发点。下面介绍几种地物的反射波谱曲线。

1. 植被的反射波谱曲线

由于大多数植物均进行光合作用,所以各类绿色植物具有很相似的反射波谱特性(图2-4),其特征是在可见光波段 0.55 μm(绿光)附近有反射率为 10%~20% 的一个波峰,两侧 0.45 μm(蓝)和 0.67 μm(红)则有两个吸收带。这一特征是由叶绿素的影响造成的,叶绿素对蓝光和红光吸收作用强,而对绿光反射作用强。在近红外波段 0.8~1.0 μm 有一个反射的陡坡,至 1.1 μm 附近有一峰值,形成植被的独有特征。这是由于植被叶的细胞结构的影响,形成了高反射率。在中红外波段(1.3~2.5 μm)受到绿色植物含水量的影响,吸收率大增,反射率大大下降,特别是以 1.45 μm、1.95 μm 和 2.7 μm 为中心是水的吸收带,形成低谷。

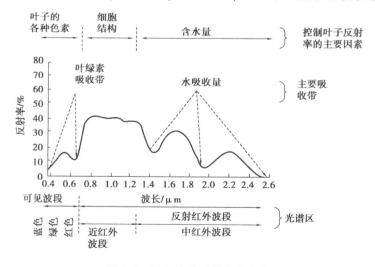

图 2-4 绿色植被反射光谱曲线

影响植被波谱特征的主要因素有植物类型、植物生长季节、病虫害影响等。植被波谱特征大同小异,根据这些差异可以区分植被类型、生长状态等,不同植被反射光谱曲线,如图 2-5 所示。

2. 水的反射波谱曲线

水体的反射主要在蓝绿光波段,其他波段吸收率很强,特别在近红外、中红外波段有很强的吸收带,反射率几乎为零,因此在遥感中常用近红外波段确定水体的位置和轮廓,在此波段的黑白正片上,水体的色调很黑,与周围的植被和土壤有明显的反差,很容易识别和判读。但是当水中含有其他物质时,反射光谱曲线会发生变化。例如,水含泥沙时,由于泥沙的散射作用,可见光波段发射率会增加,峰值出现在黄红区。水中含有叶绿素时,近红外波段明显抬升,如图2-6所示。

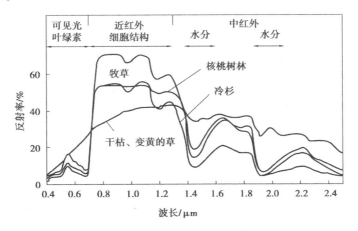

图2-5 不同植被反射光谱曲线

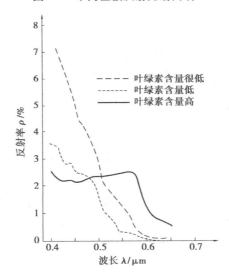

图2-6 不同叶绿素浓度的海水波谱曲线

在可见光范围内,水体的反射率总体上比较低(不超过10%),一般为4%~5%,并随着波长的增大逐渐降低,到0.6 μm处为2%~3%,过了0.75 μm,几乎被水体吸收。因此,在近红外的遥感影像上,清澈的水体呈黑色。为区分水陆界线,确定地面上有无水体覆盖,应选择近红外波段的影像。必须指出,水体在微波1 mm~30 cm范围内的发射率较低,约为0.4%。平坦的水面,后向散射微弱,因此在测试雷达影像上,水体呈黑色。含有泥沙的浑浊水体与清水比较,光谱反射特征存在以下差异。

浑浊水体的反射波谱曲线整体高于清水,如图2-7所示,随着悬浮泥沙浓度的增加,差别加大,波谱反射峰值向长波方向移动。清水在0.75 μm处反射率接近零;而含有泥沙的浑浊水至0.93 μm处反射率才接近于零;随着悬浮泥沙浓度的加大,可见光对水体的透射能力减弱,反射能力加强。

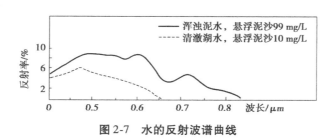

图 2-7 水的反射波谱曲线

3. 建筑物的反射波谱曲线

在城市遥感影像中,通常只能看到建筑物的顶部或部分建筑物的侧面,所以掌握建筑材料所构成的屋顶的波谱特性是我们研究的主要内容之一。如图 2-8 所示,铁皮屋顶表面呈灰色,反射率较低而且起伏小,所以曲线较平坦。石棉瓦反射率最高,沥青粘砂屋顶,由于其表面铺着反射率较高的砂石,所以其反射率高于灰色的水泥平顶。绿色塑料棚顶的波谱曲线在绿波段处有一反射峰值,与植被相似,但它在近红外波段处没有反射峰值,有别于植被的反射波谱。军事遥感中常用近红外波段区分在绿色波段中不能区分的绿色植被和绿色的军事目标。

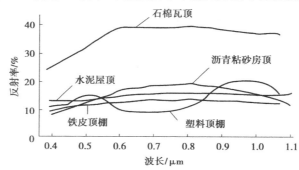

图 2-8 不同材质屋顶的建筑物波谱曲线

4. 岩石的反射

岩石的反射波谱曲线如图 2-9 所示。岩石成分、矿物质含量、含水状况、风化程度、颗粒大小、色泽、表面光滑程度等都影响反射波谱特性曲线的形态。在遥感探测中可以根据所测岩石的具体情况选择不同的波段。

5. 土壤的波谱特征

自然状态下土壤表面的反射曲线比较平滑,没有明显的反射峰和吸收谷。在干燥条件下,土壤的波谱特征主要与成土矿物(原生矿物和次生矿物)和土壤有机质有关。土壤含水量增加,土壤的反射率就会下降,在水的各个吸收带(1.4 μm、1.9 μm、2.7 μm 处附近区间),反射率下降尤为明显,如图 2-10 所示。

物体波谱曲线形态,反映出该地物类型在不同波段的反射率,通过测量该地物类型在不同波段的反射率,并以此与遥感传感器所获得的数据相对照,可以识别遥感影像中的同类地物。绝大部分地物的波谱值具有一定的变幅,它们的波谱特征不是一条曲线,而是具有一定宽度的曲带。

地物存在"同物异谱"和"异物同谱"现象。"同物异谱"是指同一类型的地物,在某个波段上波谱特征不同;"异物同谱"是指不同类型的地物具有相同的波谱特征。不同地物的反射特征如图 2-11 所示。

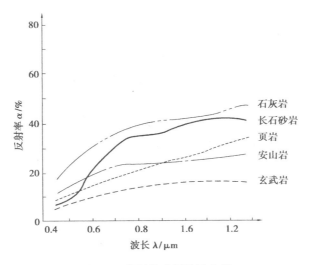

图 2-9 岩石的反射波谱曲线

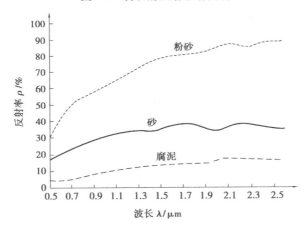

图 2-10 三种土壤的反射波谱曲线

图 2-11 不同地物的反射特征

(四)地物的发射光谱特性

任何地物当温度高于绝对温度时,组成物质的原子、分子等微粒,在不停地做热运动,都有向周围空间辐射红外线和微波的能力。通常地物发射电磁辐射的能力以发射率作为衡量标准。地物的发射率以黑体辐射作为基准。

早在1860年基尔霍夫就提出用黑体这个词来描述能全部吸收入射辐射能量的地物。因此,黑体是一个理想的辐射体,也是一个可以与任何地物进行比较的最佳辐射体。黑体是"绝对黑体"的简称,是指在任何温度下,对于各种波长的电磁辐射的吸收系数恒等于1(100%)的物体。黑体的热辐射称为黑体辐射。显然,黑体的反射率为0,透射率也为0。

按照发射率与波长的关系,把地物分为:黑体或绝对黑体,发射率为1;灰体,发射率小于1;选择性辐射体,反射率小于1,且随波长而变化(图2-12)。

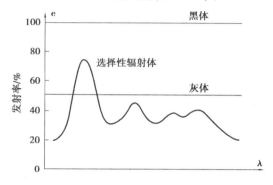

图2-12 地物分类

自然界并不存在绝对黑体,通常将黑色无烟的烟煤近似看作是绝对黑体。

1. 普朗克公式

1900年普朗克(Planck,M.)用量子物理的新概念,推导出热辐射定律,可以用普朗克公式表示:

$$W_\lambda = \frac{2\pi hc^2}{\lambda^5} \cdot \frac{1}{e^{ch/\lambda kT}-1} \lambda \tag{2-5}$$

式中 $W_\lambda(\lambda、T)$ ——光谱辐射通量密度,$W \cdot cm^{-2} \cdot \mu m^{-1}$;

λ——波长,μm;

h——普朗克常量 $h=(6.625\,6\pm0.000\,5)\times10^{-34}\,W \cdot s^2$;

c——光速 $3\times10^{10}\,cm/s$;

T——绝对温度,K;

k——玻耳兹曼常量,$k=(1.380\,54\pm0.000\,18)\times10^{-23}\,W \cdot s \cdot k^{-1}$;

e——自然对数的底,$e=2.718$。

普朗克公式表示出了黑体辐射通量密度与温度以及波长的关系,与实验求出的各种温度(如从200 K到6 000 K)下的黑体辐射波谱曲线相吻合(图2-13),黑体辐射的三个特性:

①辐射通量密度随波长连续变化,每条曲线只有一个最大值。

②温度越高,辐射通量密度也越大,不同温度的曲线是不相交的。

③随着温度的升高,辐射最大值所对应的波长移向短波方向。

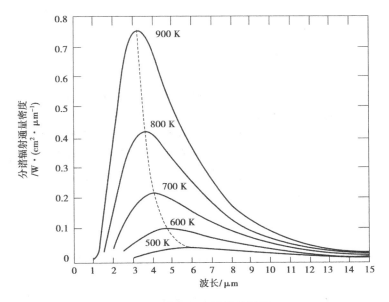

图 2-13 不同温度的黑体辐射

2. 黑体辐射规律

1) 斯忒藩-玻耳兹曼定律

经过试验证明,绝对黑体的总辐射通量密度 M 随着物体温度的升高以 4 次方比例增大,也就是绝对黑体的总辐射通量密度 M 与黑体温度 T 的 4 次方成正比,即:

$$M = \sigma T^4 \tag{2-6}$$

式中 M——黑体总辐射通量密度,$W \cdot cm^{-2}$;

σ——斯忒藩-玻耳兹曼常量,$\sigma = (5.6697 \pm 0.0029) \times 10^{-2} \ W \cdot cm^{-2} \cdot k^{-4}$。

根据斯忒藩-玻耳兹曼定律,黑体总辐射通量密度随温度的增加而迅速增大。因此,温度只要有微小变化,就会引起辐射通量密度很大的变化,在用红外装置测定温度时,就是以此定律作为理论依据的。

2) 维恩位移定律

从图 2-13 可以看到,黑体温度越高,其曲线的峰顶就越往左移,即往波长短的方向移动,这个规律即维恩位移定律,其内容是黑体辐射光谱中最强辐射对应的波长 λ_{max} 与黑体辐射绝对温度 T 成反比。满足公式:

$$\lambda_{max} \cdot T = b \tag{2-7}$$

式中 λ_{max}——辐射通量密度的峰值波长;

b——常数,$b = (2897.8 \pm 0.4) \mu m \cdot K$。

表 2-2 给出不同温度时 λ_{max} 的数值。

表 2-2 不同温度时黑体辐射的峰值波长

T/K	273	300	1 000	2 000	3 000	4 000	5 000	6 000	7 000
$\lambda_{max}/\mu m$	10.61	9.66	2.90	1.45	0.97	0.72	0.58	0.48	0.41

五、大气成分和结构

(一)大气成分

地球大气是由多种气体、固态及液态悬浮的微粒混合组成的。大气中的主要气体包括 N_2、O_2、H_2O、CO、CO_2、N_2O、CH_4 及 O_3。此外,悬浮在大气中的微粒有尘埃、冰晶、水滴等,这些分散在大气中的悬浮物所组成的气态分散系统称为气溶胶。以地表面为起点,在 80 km 以下的大气中,除 H_2O、O_3 等少数可变气体外,各种气体均匀混合,所占比例几乎不变,所以把 80 km 以下的大气层称为均匀层。在该层中大气物质与太阳辐射相互作用,是使太阳辐射衰减的主要原因。

(二)大气结构

遥感所涉及的空间范围包括地球的大气层和大气层外的宇宙空间。这里简单介绍地球的大气层和大气外层的宇宙空间的情况。

地球大气层包围着地球,大气层没有一个明确的界限,它的厚度一般取 1 000 km,大气在垂直地表方向上可分为:对流层、平流层、中气层、热层(也称增温层)和大气外层。

对流层:该层内经常发生气象变化,是现代航空遥感主要活动的区域。由于大气条件及气溶胶的吸收作用,电磁波传输受到影响。因此,在遥感中侧重研究电磁波在该层内的传输特性。

平流层:该层内电磁波的传输特性与对流层内的传输特性类似,只不过电磁波传输表现较为微弱,不同的是在该层内,没有明显的上下混合作用。

中气层:在该层内气温随高度增加而递减,大约在 80 km 处气温降到最低点,约 170 K,是整个大气圈的最低气温。

热层:也称为增温层,该层内气温随高度增加而急剧增加。该层基本上是透明的,对遥感使用的可见光、红外直至微波波段的影响较小。该层中大气十分稀薄,处于电离状态,故也称为电离层,正因为如此,无线电波才能绕地球作远距离传播。热层受太阳活动影响较大,它是人造地球卫星绕地球运行的主要空间。

大气外层:离地面 1 000 km 以上直至扩展到几万千米,与星际空间融合为一体。层内空气极为稀薄,并不断地向星际空间散逸,该层对卫星运行基本上没有影响。

六、大气对太阳辐射的影响

太阳辐射进入地球之前必然通过大气层,太阳辐射与大气相互作用的结果,是使能量不断减弱。约有30%被云层和其他大气成分反射回宇宙空间;约有17%被大气吸收,约有22%被大气散射;而仅有约31%的太阳辐射辐射到地面。其中反射作用影响最大,由于云层的反射对电磁波各波段均有强烈影响,遥感信息的接收受到严重阻碍。因此目前在大多数遥感方式中,都只考虑无云天气情况下的大气散射、吸收的衰减作用,这样太阳辐射通过大气的透射率(τ)为:

$$\tau = e^{-(\alpha+\gamma)} \tag{2-8}$$

式中　($\alpha+\gamma$)——衰减系数,随波长不同而变化,总趋势是随波长的增大,大气衰减系数减少;

　　　α——大气中气体分子对太阳辐射的吸收系数;

　　　γ——大气中气体分子、液态和固体杂质等对太阳辐射的散射系数;

　　　e——自然对数的底。

(一) 大气的吸收作用

太阳辐射通过大气层时,大气层中某些成分会吸收部分太阳辐射,即把部分太阳辐射能转换为本身内能,使温度升高。由于各种气体及固体杂质对太阳辐射波长的吸收特性不同,所以有些波段能通过大气层到达地面,而另一些波段则全部被吸收不能到达地面。因此,产生了许多不同波段的大气吸收带。

氧(O_2):大气中氧含量约占21%,它主要吸收波长小于0.2 μm的太阳辐射能量,在波长 0.155 μm处吸收最强,由于氧的吸收,在低层大气内几乎观测不到波长小于0.2 μm的紫外线,在0.6 μm和0.76 μm附近,各有一个窄吸收带,吸收能力较弱。因此,在高空遥感中很少应用紫外波段。

臭氧(O_3):大气中臭氧的含量很少,只占0.01%~0.1%,但吸收太阳辐射能量的能力很强。臭氧有两个吸收带,一个是波长0.2~0.36 μm的强吸收带;另一个是波长为0.6 μm附近的吸收带,该吸收带处于太阳辐射的最强部分,因此该带吸收最强。臭氧主要分布在30 km高度附近,因而对高度小于10 km的航空遥感影响不大,而主要对航天遥感有影响。

水(H_2O):水在大气中主要以气态和液态的形式存在,它是吸收太阳辐射能量最强的介质。从可见光、红外直至微波波段,到处都有水的吸收带,主要吸收带是处于红外和可见光中的红光波段,其中红外部分吸收最强。例如,在0.5~0.9 μm有4个窄吸收带,在0.95~2.85 μm有5个宽吸收带。此外,在6.25 μm附近有个强吸收带。因此,水汽对红外遥感有很大影响,而水汽的含量随时间、地点而变化。液态水的吸收比水汽吸收更强,但主要是在长波方面。

二氧化碳(CO_2):大气中二氧化碳含量很少,占0.03%,它的吸收作用主要在红外区内。例如,在1.35~2.85 μm有3个宽弱吸收带。另外在2.7 μm、4.3 μm与14.5 μm附近分别有一个强吸收带。由于太阳辐射在红外区能量很小,因此对太阳辐射而言,这一吸收带可忽略不计。

尘埃:它对太阳辐射也有一定的吸收作用,但吸收量很少,当有沙暴、烟雾和火山爆发等发生时,大气中尘埃急剧增加,这时它的吸收作用才比较显著。

(二) 大气的散射作用

大气中各种成分对太阳辐射吸收的明显特点,是吸收带主要位于太阳辐射的紫外和红外区,而对可见光区的吸收作用较小。但当大气中含有大量云、雾、小水滴时,由于大气散射使得可见光区受影响较大。散射不会将辐射能转变成质点本身的内能,而只改变电磁波传播的方向。大气散射作用使部分辐射方向改变,干扰了传感器的接收,降低了遥感数据的质量,造成影像的模糊,同时影响遥感资料的判读。

大气散射集中于太阳辐射能量较强的可见光区。因此,大气对太阳辐射的散射是太阳辐射衰减的主要原因。根据辐射的波长与散射微粒的大小之间的关系,散射作用可分为三种:瑞利散射、米氏散射和非选择性散射。

1. 瑞利散射

当微粒的直径 d 远小于辐射波长 λ(即 $d<\lambda/10$)时,散射称为瑞利散射。其主要是由大气分子对可见光的散射引起的,所以瑞利散射也叫分子散射。由于散射系数与波长的 4 次方成反比,当波长大于 1 μm 时,瑞利散射基本上可以忽略不计,如图 2-14 所示。因此红外线、微波可以不考虑瑞利散射的影响。但对可见光来说,由于波长较短,瑞利散射影响较大。如晴朗天空呈碧蓝色,就是大气中的气体分子把波长较短的蓝光散射到天空中的缘故。

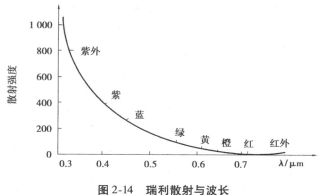

图 2-14 瑞利散射与波长

2. 米氏散射

当微粒的直径与辐射光的波长差不多时(即 $d \approx \lambda$)发生的散射称为米氏散射,其主要是由大气中气溶胶所引起的。由于大气中云、雾等悬浮粒子的大小与 0.76~15 μm 的红外线的波长相当,因此,云、雾对红外线的米氏散射是不可忽视的。

3. 非选择性散射

当微粒的直径远大于波长时(即 $d>\lambda$)所发生的散射称为非选择性散射。非选择性散射的强度与波长无关,即任何波长散射强度相同。如大气中的水滴、雾、烟、尘埃等气溶胶对太阳辐射的作用常为非选择性散射。云或雾之所以看起来是白色,是因为云或雾都是由比较大的水滴组成的,符合 $d>\lambda$,它对各种波长的可见光散射均是相同的。对近红外、中红外波段来说,由于 $d>\lambda$,所以属于非选择性散射,这种散射将使传感器接收到的数据严重衰减。

综上所述,太阳辐射的衰减主要是由散射造成的,散射衰减的类型与强弱主要和波长密切相关。在可见光和近红外波段,瑞利散射是主要的。当波长超过 1 μm 时,可忽略瑞利散射的影响。米氏散射对近紫外到红外波段的影响都存在。因此,在短波范围内瑞利散射与米氏散射作用相当。但当波长大于 0.5 μm 时,米氏散射超过了瑞利散射的影响。在微波波段,由于波长比云中小雨滴的直径还要大,所以小雨滴对微波波段的散射属于瑞利散射,因此,微波有极强的穿透云层的能力。红外辐射穿透云层的能力虽然不如微波,但比可见光的穿透能力大 10 倍以上。

太阳光通过大气要发生散射和吸收,地物反射光在进入传感器前,还要再经过大气并被散射和吸收,这将造成遥感图像的清晰度下降。所以在选择遥感工作波段时,必须考虑到大气层的散射和吸收的影响。

(三) 大气窗口

太阳辐射经过大气传输时,反射、吸收和散射共同衰减了辐射强度,剩余部分即为透过的部分。大气层的反射、散射和吸收作用使得太阳辐射的各波段受到衰减的程度不同,因而各波段的透射率也各不相同。电磁辐射与大气相互作用产生的效应,使得能够穿透大气的辐射,局限在某些波长范围内。通常把通过大气而较少被反射、吸收或散射的透射率较高的电磁辐射波段称为大气窗口(图2-15)。因此,遥感传感器选择的探测波段应在大气窗口之内,根据地物的光谱特性以及传感器技术的发展确定。

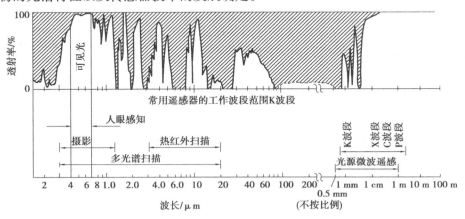

图2-15 大气窗口

目前使用(或试用)的探测波段,见表2-3。

表2-3 大气窗口与遥感光谱通道

电磁波性质	大气窗口	遥感光谱通道	应用条件与成像方式
反射光谱	0.3～1.3 μm	紫外波段 10^{-3}～3.8×10^{-1} μm 可见光波段 0.38～0.76 μm 近红外波段 0.76～0.9 μm 0.9～1.1 μm	必须在强光照下,采用摄影方式和扫描方式成像(即只能在白天作业)
	1.5～1.8 μm 2.0～3.0 μm	近红外 1.55～1.75 μm 2.20～2.35 μm	强光照下白天扫描成像
反射和发射混合光谱	3.0～6.0 μm	中红外 3.5～5.5 μm	白天和夜间都能扫描成像

续表

电磁波性质	大气窗口	遥感光谱通道	应用条件与成像方式
发射光谱	6.0~15.0 μm	远红外 10~11 μm 10.4~12.6 μm 8~14 μm	白天和夜间都能扫描成像
	0.05~300 cm	Ka　0.75~1.13 cm K 　1.13~1.67 cm Ku 　1.67~2.42 cm X 　2.42~3.75 cm C 　3.75~7.50 cm S 　7.50~15 cm L 　15~30 cm P 　30~100 cm	有光照和无光照下都能扫描成像

七、影响地物光谱特性的因素

地物发射或反射光谱特性受到一系列因素的影响。

1. 与地物的物理性状有关

从地物反射光谱特性来说,电磁波从某一地物反射的强度(包括可见光、近红外波段的光谱反射率)与地物的物理性状(如地物表面的颜色、粗糙度、风化状况及含水分情况等)有关。例如,同一地区的红色砂岩,由于它的风化程度和含水量不同,其反射光谱特性有所差异。风化作用能够引起岩石表面粗糙度和颜色的改变,多数岩石因风化作用表面粗糙度增加或表面颜色变深,导致它们在可见光、近红外波段的光谱反射率下降,下降的幅度随岩石不同而不同。在潮湿条件下,新鲜面红色砂岩的反射率大于风化面的反射率。而干燥条件下,其反射率变化恰好相反。如未经变质的玄武岩,由于风化作用,表面粗糙反而降低或表面颜色变浅,从而导致反射率增加。地物表面含水量是影响地物的可见光、近红外反射光谱特性的重要因素。含水量增加导致地物反射率严重下降。在可见光波段的短波部分,湿的红色砂岩反射率下降幅度比较小,而在近红外波段湿的红色砂岩反射率下降幅度明显增大。

2. 与光源的辐射强度有关

地物的反射光谱强度与光源的辐射强度有关。同一地物的反射光谱强度,由于它所处的纬度和海拔高度不同有所差异。太阳是最主要的自然辐射源,在不同纬度上,由于太阳高度不同,照射强度不同,地物反射强度也有差异。同时,海拔高度会影响到太阳光穿过大气的厚度,也会使地物反射光谱发生变化。

3. 与季节有关

同一地物在同一地点的反射光谱强度,由于季节不同而有所差异。因为季节不同,太阳高度角也不相同,太阳光到地表面的距离也有所不同。这样,地面所接收到太阳光的能量和反射能量也随之不同。因此,同一地物在不同地区或不同季节,虽然它们的反射光谱曲线大体相似,但其反射率值却有所不同。

4. 与探测时间有关

同一地物，由于探测时间不同，其反射率也不同。一般来说，中午测得的反射率大于上午或下午测得的反射率。因此，在进行地物光谱测试中，必须考虑"最佳时间"，以便将由于光照几何条件改变而产生的变异控制在允许范围内。

5. 与气象条件有关

同一地物在不同天气条件下，其反射光谱曲线也不一样，一般来说，晴天测得的反射率大于阴天测得的反射率。

总之，地物的光谱特性受到一系列因素的影响和干扰，在应用和分析时，应特别注意这些变化。

知识点 2　遥感平台及分类

遥感平台是安装传感器的飞行器，是用于安置各种遥感仪器，使其从一定高度或距离对地面目标进行探测，并为其提供技术保障和工作条件的运载工具。

根据运载工具的类型，可分为航天平台、航空平台、地面平台。航天平台指在大气层外飞行的飞行器，高度是几百、几千至几万千米，包括卫星、火箭、航天飞机、宇宙飞船，其中最高的是静止卫星，位于赤道上空 36 000 km 的高度上，其次是 700～900 km 的 Landsat、SPOT、MOS 等地球观测卫星（图 2-16）。

图 2-16　航天遥感平台

航空遥感平台包括低、中、高空飞机，以及飞艇、气球等，高度在百米至十余千米不等，其中飞机按高度可以分为低空平台、中空平台和高空平台，气球分为低空气球和高空气球。常见的航空遥感平台，如图 2-17 所示。

图 2-17　航空遥感平台

地面平台包括三脚架、遥感车、船和遥感塔等，如图 2-18 所示，高度均在 0～50 m，其中三脚架的高度一般在 0.75～2.0 m，主要对要测定波谱特性的地物进行地面摄影。遥感塔主要用于测定固定目标和进行动态监测，高度在 6 m 左右。遥感车、船主要测定地物波谱特性、取得地面图像，遥感船除了从空中对水面进行遥感外，还可以对海底进行遥感探测。

各类遥感平台的特点和用途，见表 2-4。

图 2-18 地面遥感平台

表 2-4 各类遥感平台的特点和用途

类型		距地面高度	用途
地面平台	遥感车、遥感船、高塔、三脚架、手持等	100 m 以下	地物的波谱特性测试、摄取供试验研究用的地物细节影像
航空平台	无人机、飞艇	2 km 以下	高空间分辨率影像获取、倾斜摄影、低空摄影测量等
	飞机、气球	2～40 km	高空间分辨率影像获取
航天平台	卫星 低轨	150～300 km	大比例尺、高空间分辨率影像获取
	卫星 中轨	700～1 000 km	资源、环境监测
	卫星 高轨	36 000 km	气象卫星、通信卫星
	航天飞机	240～350 km	大比例尺、高空间分辨率影像获取
宇航平台	星际飞船		星际遥感
立体遥感			地面、航空、航天和航宇综合构成的遥感系统

遥感平台中，航天遥感平台目前发展最快，更具遥感平台的服务内容，可以将其分为气象卫星系列、陆地卫星系列和海洋卫星系列。虽然不同的卫星系列所获得的遥感信息常常对应于不同的应用领域，但在进行检测时，常常根据不同卫星资料的特点，选择多种平台资料。

知识点 3 遥感数据的获取

一、摄影成像

摄影是通过成像设备获取物体影像的技术。传统的摄影依靠光学镜头及放置在焦平面的感光胶片来记录物体影像。数字摄影则通过放置在焦平面的光敏元件，经过光/电转换，以数字信号来记录物体的影像。

（一）摄影原理

摄影原理是根据小孔成像原理，用摄影物镜代替小孔，在像面处放置感光材料，物体的投影光线经过摄影机物镜后聚焦于感光材料上，得到地面的影像。

(二)摄影成像分类

根据用途的不同,摄影成像可选用不同的方式和感光材料,从而得到功能不同的航空像片。

1. 按像片倾斜角分类

通过物镜中心并与主平面垂直的直线称为主光轴。每一台摄影机的物镜都有一个主光轴。摄影机的感光片是放在与主光轴垂直且与物镜距离很接近的焦距的平面上。主光轴与感光片的交点称为像主点,主光轴与铅垂线的夹角称为像片倾角。由于主光轴垂直于像平面,铅垂线垂直于水平面,因而像平面与水平面之间的夹角等于航摄倾角,根据相片倾斜角可分为垂直摄影和倾斜摄影。

垂直摄影:倾斜角等于0°的,是垂直摄影,这时主光轴垂直于地面(与主垂线重合),感光胶片与地面平行。但由于飞行中的各种原因,倾斜角不可能绝对等于0°,一般将倾斜角小于3°的称为垂直摄影。由垂直摄影获得的像片称为水平像片。水平像片上地物的影像,一般与地面物体顶部的形状基本相似,像片各部分的比例尺大致相同。水平像片能够用来判断各目标的位置关系和量测距离。

倾斜摄影:倾斜角大于3°的,称为倾斜摄影,所获得的像片称为倾斜像片。这种像片可单独使用,也可以与水平像片配合使用。

2. 按摄影的实施方式分类

按摄影的实施方式分类,可分为单片摄影、航线摄影和面积摄影。

单片摄影:为拍摄单独固定目标而进行的摄影称为单片摄影,一般只摄取一张(或一对)像片,针对的是比较小的区域。

航线摄影:沿一条航线,对地面狭长地区或沿线状地物(铁路、公路等)进行的连续摄影,称为航线摄影。为了使相邻像片的地物能互相衔接以及满足立体观察的需要,相邻像片间需要有一定的重叠,称为航向重叠。航向重叠一般应达到60%,至少不小于53%。

面积摄影:沿数条航线对较大区域进行连续摄影,称为面积摄影(或区域摄影)。面积摄影要求各航线互相平行。在同一条航线上相邻像片间的航向重叠为53%~60%。相邻航线间的像片也要有一定的重叠,这种重叠称为旁向重叠,一般应为15%~30%。实施面积摄影时,通常要求航线与纬线平行,即按东西方向飞行。但有时也按照设计航线飞行。由于在飞行中难免出现一定的偏差,故需要限制航线长度,一般为60~120 km,以保证不因偏航而产生漏摄。

3. 按感光材料分类

按感光材料不同可分为全色黑白摄影、黑白红外摄影、彩色摄影、彩色红外摄影和多光谱摄影等。

全色黑白摄影指采用全色黑白感光材料进行的摄影。全色黑白感光材料对可见光波段(0.4~0.76 μm)内的各种色光都能感光,是目前应用广、又易收集到的航空遥感材料之一。如我国为测制国家基本地形图摄制的航空像片即属此类。

黑白红外摄影是采用黑白红外感光材料进行的摄影。它能对可见光、近红外光(0.4~1.3 μm)波段感光,尤其对水体植被反应灵敏,所摄像片具有较高的反差和分辨率。

彩色摄影则是采用彩色像片的摄影,虽然也是感受可见光波段内的各种色光,但由于它能将物体的自然色彩、明暗度以及深浅表现出来,因此与全色黑白像片相比,影像更为清晰,分辨能力高。

彩色红外摄影同样是感受可见光和近红外波段(0.4~1.3 μm),但却使绿光感光之后变为蓝色,红光感光之后变为绿色,近红外感光后成为红色,这种彩色红外片与彩色片相比,在色别、明暗度和饱和度上都有很大的不同。例如,在彩色片上绿色植物呈绿色,在彩色红外片上却呈红色。由于红外线的波长与可见光的波长相比,受大气分子的散射影响小,穿透力强,因此,其彩色红外片色彩要鲜艳得多。

多光谱摄影是利用摄影镜头与滤光片的组合,同时对一地区进行不同波段的摄影,取得不同的分波段像片。例如,通常采用的四波段摄影,可同时得到蓝、绿、红及近红外波段四张不同的黑白像片,或合成为彩色像片,或将绿、红、近红外三个波段的黑白像片合成假彩色像片。

(三)摄影成像的特征

1. 中心投影

常见的大比例尺地形图属于垂直投影,而摄影像片属于中心投影,这是因为摄影成像时地面上的每一物点所反射的光线,经过镜头中心后,都会聚到焦平面上产生该物点的像,而航摄机则是把感光胶片固定在焦平面上;同时,每一物点所反射的许多光线中,有一条通过镜头中心而不改变其方向,这条光线称为中心光线,所以每一物点在镜面上的像,可以视为中心光线和底片的交点,这样在底片上就构成负像,经过接触晒印所获得的航空像片为正像。

2. 中心投影特征

在中心投影上,点的像还是点,直线一般情况还是直线,若是直线的延长线通过投影中心时,该直线的像则是一个点。空间曲线的像一般仍为曲线,但若空间曲线在一个平面上,而该平面通过投影中心时,它的像则成为直线。中心投影的这些特征,有利于识别地物。

3. 像片比例尺

像片上某一线段长度与地面相应长度之比,称为像片比例尺,用 $1/M$ 表示,$1/M=f/H$,其中 f 是摄影机的焦距,H 是飞行器的相对航高,由此可知,像片的比例尺与物镜焦距成正比,与相对航高成反比。若焦距固定不变,相对航高越高,比例尺越小,此外,地形起伏也会影响比例尺,地面总是起伏不平,而每次拍摄像片时,地面与摄影机物镜的距离不相同,即使在同一张像片上,因地形起伏使整个地面至投影中心的距离也不尽相等。因此,像片的比例尺是不唯一的。

二、扫描成像

扫描成像是依靠探测元件和扫描镜头对目标地物以瞬时视场为单位进行的逐点、逐行取样,以得到目标地物电磁辐射特性信息,形成一定谱段的图像。其探测波段可包括紫外、红外、可见光和微波波段。扫描成像方式有光/机扫描成像、固体自扫描成像、高光谱成像光谱扫描。

1. 光/机扫描成像

光/机扫描成像系统,一般在扫描仪的前方安装光学镜头,依靠机械传动装置使镜头摆动,形成对目标地物的扫描,扫描仪是由一个四方棱镜、若干反射镜和探测元件所组成的。四方棱镜旋转一次,完成4次光学扫描,入射的平行波束经四方棱镜反射后,分成两束,每束光经平面反射后,又汇成一束平行光投射到聚焦反射镜,使能量汇聚到探测器的探测元件上,探测元件把接收到的电磁波能量转换成电信号,在磁介质上记录或转成光能量,在设置于焦平面的胶片上形成影像。

2. 固体自扫描成像

固体扫描仪又称推扫式扫描仪,是通过遥感平台的运动对目标地物进行扫描的一种成像方式。目前常用的探测元件是电子耦合器件CCD,它是一种用电荷量表示信号大小,用CCD构成的扫描成像传感器,可将许多探测元件按线性排列成与飞行器前进方向垂直的阵列,每排的探测元件数与扫描线的像元数相等,工作时探测元件输出的数据值,与其像元的亮度相对应,这样按线性阵列一个个顺序推扫式取样,完成横向扫描。飞行器向前不断地移动,即可完成纵向移动,从而得到连续的扫描图像。固体扫描仪去除了复杂的机械扫描结构,每个探测器的几何位置都是精确确定的,提高了探测的精度和仪器的灵敏度及信噪比。例如,法国1986年发射的SPOT卫星上安装了两台由CCD线阵列构成的高分辨率固体扫描仪(HRV),它采用四排阵列,由每列1 500个,总计6 000个固体探测元件组成。地面分辨率较高,可达10 m(全色波段)。探测元件用耦合方式传输信号,具有感受波谱范围宽、畸变小、体积小、质量轻、系统噪声低、灵敏度高、功耗小、寿命长、可靠性高等一系列优点。

3. 高光谱成像光谱扫描

常用的多波段扫描仪将可见光和红外波段分割成几个到十几个波段,对于遥感而言,在一定波长范围内,被分割的波段越多,即波谱取样点越多,结果越接近于连续光谱曲线,因此可以使得扫描仪在取得目标地物图像的同时也能获取该地物的光谱组成。这种既能成像又能获取目标光谱曲线的"谱像合一"的技术,称为成像光谱技术。按该原理制成的扫描仪称为成像光谱仪。

高光谱成像光谱仪是遥感发展中的新技术,其图像是由多达数百个波段的非常窄的连续光谱波段组成,光谱波段覆盖了可见光、近红外、中红外和热红外区域全部光谱带。光谱仪成像时多采用扫帚式或推扫式,可以收集200或200个以上的波段的数据,使得图像中的每一个像元均得到了连续反射率的曲线,而不像传统的成像光谱仪扫描出的结果在波段之间存在间隔。

三、微波遥感与成像

(一)微波遥感

有时把电磁波谱上波长在1 mm到100 km很宽的幅度区间称为无线电波区间,在这一区间按照波长由短到长又可以划分为亚毫米波、毫米波、厘米波、分米波、超短波、短波、中波和长波。其中的毫米波、厘米波和分米波三个区间称为微波波段,因此有时又更明确地把这一区间分为微波波段和无线电波段。微波在接收和发射时常常仅用很窄的波段,所以把微波波段又加以细分并给予详细的命名,见表2-5。

表 2-5 微波波段

波段名称	波长范围/cm
Ka	0.75～1.13
K	1.13～1.67
Ku	1.67～2.42
X	2.42～3.75
C	3.75～7.5
S	7.5～15
L	15～30
P	30～100

（二）微波遥感特点

微波遥感也称作雷达遥感，利用微波探测得到的图像也叫作雷达图像。雷达（RADAR），原意是发射无线电波，然后接收探测目标的反射信号来分析目标的性质。在雷达的基础上，发展了成像微波遥感的真实孔径雷达和合成孔径雷达，这种雷达影像就是微波遥感影像。在第二次世界大战期间微波已用来作为夜间侦察的工具。而微波遥感为各国真正重视是从20世纪60年代开始，从航空飞机到航天飞机到人造卫星，到90年代形成发展高潮，微波遥感已和可见光遥感、红外遥感并驾齐驱，成为人类认识世界的重要手段。微波遥感之所以发展得如此之快，是因为微波有很多可见光和红外波段所没有的优点。

①微波的穿云透雾能力，使遥感探测可以全天候进行。

瑞利散射的散射强度与波长的四次方成反比，波长越长，散射越弱。大气中的云雾水珠及其他悬浮微粒比起微波波长小很多，在可见光波段，瑞利散射影响很明显。对于微波，由于微波波长比可见光长很多，散射强度就弱到可以忽略不计。也就是说，微波在传播过程中不受云雾影响，具有穿云透雾的能力。

②微波可以全天时工作。

可见光由太阳辐射而来。太阳照射时可以观测，夜晚则不能。而微波无论是被动遥感（接收目标物发射的微波信号）或主动遥感（传感器发出微波信号再接收地面目标物反射回来的信号）都不受地球自转影响而全天候工作。而且相对于红外遥感而言，其大气衰减也很小。

③微波对地物几何形状、地球表面粗糙度、土壤湿度敏感。

微波的穿透能力与土壤湿度、微波频率及土壤类型有关系。例如，沙土、沃土、黏土比较，沙土穿透性最强，因为土壤中的水分对穿透性影响很大，湿度越大，穿透性越小。对于不同的物质，微波的穿透本领也有很大不同，同样的频率对干沙可以穿透几十米，对冰层则能穿透百米。

④微波有某些独特探测能力。

微波是海洋探测的重要波段。其对土壤和植物冠体具有一定的穿透力，可以提供部分地物表面以下的信息。正因为微波得到的信息与可见光、近红外波段得到的信息有所不同，如果用不同手段对同一目标进行探测，可以互相补充，实现对目标特性在微波波段、可见光波段和红外波段的全面描述。目前，随着微波遥感传感器的迅速发展，微波图像的空间分辨率已达到或接近可见光与红外图像的分辨率。它的应用范围也将越来越广泛。

（三）微波辐射的特征

微波属于电磁波,因此微波具有电磁波的基本特性,包括叠加、相干性、衍射、极化等。

1. 叠加

当两个或两个以上的波在空间传播时,如果在某点相遇,则该点的振动是各个波独立引起该点振动时的叠加。

2. 相干性

当两个或两个以上的波在空间传播,它们的频率相同,振动方向相同,振动位相的差是一个常数时,叠加后合成波的振幅是各个波振幅的矢量和,这种现象称为干涉。两波相干时,在交叠的位置,相位相同的地方振动加强,相位相反的地方振动抵消,其他位置均有不同程度的减弱。当两束微波相干时,在微波雷达图像上会出现颗粒状或斑点状特征。当两束波不符合相干条件时为非相干波,这时叠加后合成波振幅是各个波振幅的代数和,上述特征在雷达图像上不会出现。

3. 衍射

电磁波传播过程中如果遇到不能透过的有限直径物体,会出现传播的绕行现象,即一部分辐射没有遵循直线传播的规律到达障碍物后面,这种改变传播方向的现象称为衍射,微波传播时会发生衍射现象。

4. 极化

电磁波传播是电场和磁场交替变化的过程,它们的方向相互垂直。电场常用矢量表示,矢量必定在与传播方向垂直的平面内。矢量所指的方向可能随时间变化,也可能不随时间变化。当电场矢量的方向不随时间变化时,称为线极化。线极化分为水平极化和垂直极化。水平极化指电场矢量与雷达波束入射面垂直,记作 H;垂直极化是电场矢量与入射面平行,记作 V。雷达波发射后遇目标平面而反射,其极化状况在反射时会发生改变,根据传感器反射和接收的反射波极化状况可以得到不同类型的极化图像。若发射和接收的电磁波同为水平极化方式,则得到同极化图像 HH;若同为垂直极化,得到同极化图像 VV。若发射为水平极化 H,而接收为垂直极化 V,则得到交叉极化图像 HV;相反地,若发射为垂直极化 V,而接收为水平极化 H,得到的则是交叉极化图像 VH。除了线极化波以外,电场矢量在与传播方面垂直的平面上运动,也可能画出圆形或椭圆形的轨迹,称为圆极化波或椭圆极化波。平常应用较多的是四种线极化图像。同一种地物在不同极化图像里常常表现出不同的亮度,不同的地物也会表现出不同的对比度,因此利用不同的极化特征图像有可能在微波遥感图像上解译出更多的信息。

（四）微波传感器

无论是航空遥感平台还是航天遥感平台,微波传感器分为两类:非成像传感器和成像传感器。

1. 非成像传感器

非成像传感器一般都属于主动式遥感系统。通过发射装置发射雷达信号,再通过接收回波信号测定参数。这种设备不以成像为目的。微波遥感应用的非成像传感器有微波散射计和雷达高度计。

1）微波散射计

这种微波散射计主要用来测量地物的散射或反射特性。通过变换发射雷达波束的入射角，或变换极化特征以及变换波长，研究不同条件对目标物散射特性的影响。

2）雷达高度计

雷达高度计测量目标物与遥感平台的距离，从而可以准确得知地表高度的变化、海浪的高度等参数，在飞机、航天器、海洋卫星中广泛应用。其原理是在波的传播速度为已知的条件下，根据发射波和接收波之间的时间差，求出距离。

2. 成像传感器

成像传感器的共同特征是获取在地面上扫描所得到的带有地物信息的电磁波信号，并形成图像。这些传感器可以是主动遥感系统，如侧视雷达、合成孔径雷达等，也可以是被动遥感系统，如微波辐射计等。

1）微波辐射计

微波辐射计主要用于探测地面各点的亮度温度，并生成亮度温度图像。因为地面物体都有发射微波信号的能力，其发射的强度与自身的亮度温度有关，通过扫描接收这些信号并转换成对应的亮度温度图，对地面物体状况的探测很有意义。

2）侧视雷达

侧视雷达是在飞机或卫星平台上由传感器向与飞行方向垂直的侧面，发射一个窄的波束，覆盖地面上这一侧面的一个条带，然后接收在这一条带上的地物的反射波，从而形成一个图像带。随着飞机或卫星向前飞行，不断地发射这种脉冲波束，又不断地接收一个一个回波。从而形成一幅一幅的雷达图像。

3）合成孔径雷达

合成孔径雷达与侧视雷达类似，也是在飞机或卫星平台上由传感器向与飞行方向垂直的侧面发射信号。所不同的是把发射和接收天线分成许多小单元，每一单元发射和接收信号的时刻不同。由于天线位置不同，记录的回波相位和强度都不同。这样做的最大好处是提高了雷达的方位向分辨率。天线的孔径越小，分辨率越高。

知识点4　遥感传感器及图像特征

一、传感器

遥感传感器是测量和记录被探测物体的电磁波特性的工具，是遥感技术系统的重要组成部分，通常由收集器、探测器、信号处理和输出设备四部分组成。收集器由透射镜、反射镜或天线等构成；探测器指测量电磁波性质和强度的元器件；典型的信号处理器是负荷电阻和放大器；输出包括影像胶片、扫描图、磁带记录和波谱曲线等。

（一）传感器的分类

针对不同的波段，使用的传感器是不一样的。摄影机主要用于可见光波段范围。红外扫描器、多谱段扫描器除了可见光波段外，还可记录近紫外、红外波段的信息。雷达则用于微波波段。

按传感器本身是否带有电磁波发射源可分为主动式(有源)传感器和被动式(无源)传感器两类。主动式传感器是指向目标物发射电子微波，然后收集目标物反射回来的电磁波的传感器，目前，在主动式传感器中，主要使用激光和微波作为辐射源；被动式传感器是一种收集太阳光的反射及目标自身辐射的电磁波的传感器，主要用在紫外、可见光、红外、微波等波段，目前，这种传感器占太空传感器的绝大多数。

按传感器记录数据的不同形式，又可分为成像传感器和非成像传感器，前者可以获得地表的二维图像；后者不产生二维图像。在成像传感器中又可分细分为摄影式成像传感器(相机)和扫描式成像传感器，相机是最古老和常用的传感器，具有信息储存量大、空间分辨率高、几何保真度好和易于进行纠正处理的特点。扫描方式有空间扫描方式和物空间扫描方式两种。前一种方式的代表是电视摄像机，后一种方式的代表是光机扫描仪。推帚式扫描仪(固体扫描仪，也叫CCD摄影机)是两种方式的混合，即在行进的垂直方向上是图像平面扫描，在行进方向上是目标平面扫描。从可见光到红外区的光学领域的传感器统称光学传感器，微波领域的传感器统称微波传感器。

地表物质的组成极为复杂多样，要充分探测它的各方面特性，最理想的办法无疑是全波段探测，因为单一波段的探测只能反映某几个方面的特性，常常遗失掉可能是主要信息的内容，不能反映出目标的全貌，对以后的目标识别造成困难等，但全波段探测需要的设备太多太复杂，在实践中未必可能，也不一定必要，目前的做法是将地物辐射电磁波分割成若干个典型的波段，对同一个目标同时进行探测获得不同波段的信息，可以充分了解它的特性，而又避免了设备太庞大太复杂，这就是所谓多光谱遥感技术，这是当前传感器的主要工作方式之一。多波段摄影相机或扫描仪，无论是装在遥感飞机上或是人造卫星上，都能获得光谱分辨率较高、信息量丰富的图像和数据。

(二)传感器的组成

无论哪一种传感器，它们基本是由收集系统、探测系统、信息转换系统和记录输出系统四部分组成。

1. 收集系统

遥感应用技术是建立在地物的电磁波谱特性基础之上的，要收集地物的电磁波必须要有一种收集系统，该系统的功能在于把接收到的电磁波进行聚集，然后送往探测系统。不同的传感器使用的收集元件不同，最基本的收集元件是透镜、反射镜或天线。对于多波段遥感，收集系统还包括按波段分波束的元件，一般采用各种散光分光元件，如滤光片、棱镜、光栅等。

2. 探测系统

传感器中最重要的部分就是探测元件，它是真正接收地物电磁辐射的器件，常用的探测元件有感光胶片、光电敏感元件、固体敏感元件和波导等。

3. 信号转换系统

除了摄影照相机中的感光胶片，电光从光辐射输入到光信号记录，无须信号转换之外，其他传感器都有信号转换问题。光电敏感元件、固体敏感元件和波导等输出的都是电信号，从电信号转换到光信号必须有一个信号转换系统，这个转换系统可以直接进行电光转换，也可进行间接转换,先记录在磁带上,再经磁带加放,仍须经电光转换,输出光信号。

4. 记录输出系统

传感器的最终目的是要把接收到的各种电磁波信息,用适当的方式输出,输出必须有一定的记录系统,遥感影像可以直接记录在摄影胶片上,也可记录在磁带上等。

(三)光学传感器的特性

光学传感器最重要的特性有三个,即光谱特性、辐射度量特性和几何特性,这些特性确定了光学传感器的性能。

光谱特性主要包括传感器能够观测的电磁波的波长范围,以及各通道的中心波长等。在照相胶片型的传感器中,其光谱特性主要由所用胶片的感光特性和能用滤光片的透射率决定;而在扫描型的传感器中,则主要由所用的探测元件及分光元件的特性来决定。

辐射度量特性主要包括传感器的探测精度(包括所测亮度的绝对精度和相对精度)、动态范围(可测量的最大信号与传感器的可检测的最小信号之比)、信噪比(有意义的信号功率与噪声功率之比)等,除此之外,还有把模拟信号转换为数字量时所产生的量化等级、量化噪声等。

几何特性是用光学传感器获取的图像的一些几何学特征物理量来描述的,主要指标有视场角、瞬时视场、波段间的配准等。视场角是指传感器能够感光的空间范围,也叫立体角,它与摄影机的视角扫描仪的扫描宽度意义相同;瞬时视场是指在扫描成像过程中,一个光敏探测元件通过望远镜系统投影到地面上的直径或边长,通常也把传感器的瞬时视场称为它的"空间分辨率",即传感器所能分辨的最小目标的尺寸;波段间的配准用来衡量基准波段与其他波段的位置偏差。

(四)典型传感器

当前,航天遥感中扫描式主流传感器有两大类:光机扫描仪和扫帚式扫描仪。

光机扫描仪是对地表的辐射分光后进行观测的机械扫描型辐射计,它把卫星的飞行方向与利用旋转镜式摆动镜对垂直飞行方向的扫描结合起来,从而收到二维信息。这种传感器基本由采光、分光、扫描、探测元件、参照信号等部分构成。光机扫描仪所搭载的平台有极轨卫星及飞机,陆地卫星Landsat上的多光谱扫描仪(MSS)、专题成像仪(TM)及气象卫星上的甚高分辨率辐射计(AVHRR)都属这类传感器。这种机械扫描型辐射计具有扫描条带较宽、采光部分视角小、波长之间位置偏差小、分辨率高等特点。

扫帚式扫描仪采用线列或面阵探测器作为敏感元件,线列探测器在光学焦面上垂直于飞行方向作横向排列,当飞行器向前飞行完成纵向扫描时,排列的探测器就好像刷子扫地一样扫出一条带状轨迹,从而得到目标物的二维信息。光机扫描仪是利用旋转镜扫描,一个像元一个像元地进行采光,而扫帚式扫描仪是通过光学系统一次获得一条线的图像,然后由多个固体光电转换元件进行电扫描。扫帚式扫描仪代表了新一代传感器的扫描方式,人造卫星上携带的扫帚式扫描仪由于没有光机扫描那样的机械运动部分,所以结构上可靠性高,因此应用在各种先进的传感器中,但是由于使用了多个感光元件把光同时转换成电信号,所以当感光元件之间存在灵敏度差时,往往产生带状噪声。线性阵列传感器多使用电荷耦合器件CCD,它被用于SPOT卫星上的高分辨率传感器HRV,和日本MOS-1卫星上的可见光—红外辐射计 MESSR 等上。

二、遥感的图像特征

遥感图形是各种传感器获取信息所得的产物,是遥感探测目标的信息载体。遥感解译人员需要通过遥感图形获取三方面的信息:目标地物的大小、形状及空间分布特点;目标地物的属性特点;目标地物的变化动态特点。这三方面特征的表现参数即为空间分辨率、波谱分辨率、辐射分辨率和时间分辨率。

(一)遥感图像的空间分辨率

空间分辨率是指数字图像像元所能分辨目标的尺寸大小,即每个像元对应地面的大小。对传感器或图像而言,指图像上能详细区分的最小单元的尺寸或大小;对地面而言,指可以识别的最小地面距离或最小目标物的大小。对于摄影影像,通常用单位长度内包含可分辨的黑白"线对"数表示(线对/毫米);对于扫描影像,通常用瞬时视场角(IFOV)的大小来表示(毫弧度 mrad),即像元,是扫描影像中能够分辨的最小面积。空间分辨率数值在地面上的实际尺寸称为地面分辨率。对于摄影影像,用线对在地面的覆盖宽度表示(米);对于扫描影像,则是像元所对应的地面实际尺寸(米)。空间分辨率大小的决定因素是采样密度,如图 2-19 所示,采样间隔越小,空间分辨率越高,图像越清晰。空间分辨率是评价传感器性能和遥感信息的重要指标之一,也是识别地物形状大小的重要依据。

(a)采样点200×200

(b)采样点100×100

(c)采样点50×50

图 2-19　不同空间分辨率的图像

(二)遥感图像的波谱分辨率

波谱分辨率是指传感器在接受目标辐射的波谱时能分辨的最小波长间隔,间隔越小,分辨率越高。不同波谱分辨率的传感器对同一地物探测效果有很大的区别。例如,在 0.4~0.6 μm 波长范围内,当一目标地物在波长 0.5 μm 左右有特征值时,如果将波分为两个波段,地物不能被分辨;如果分为三个波段则可以体现 0.5 μm 处的谷或峰的特征,因此,地物可以被分辨。成像光谱仪在可见光至红外波段范围内,被分割成几百个窄波段,具有很高的波谱分辨率,从其近乎连续的光谱曲线上,可以分辨出不同物体光谱特征的微小差异,有利于识别更多的目标,甚至有些矿物成分也可被分辨。此外,传感器的波段选择必须考虑目标的光谱特征值,如探测人体应选择 8~12 μm 的波长范围,而探测森林火灾等则应选择 3~5 μm 的波长,才能取得好效果。

(三)遥感图像的辐射分辨率

辐射分辨率指探测器的灵敏度——传感器感测元件在接收光谱信号时能分辨的最小辐射度差,或指对两个不同辐射源的辐射量的分辨能力。一般用灰度的分级数来表示,即最暗至最亮灰度值(亮度值)间分级的数目——量化级数。决定辐射分辨率大小的是量化能力,如图 2-20 所示,量化级越多,图像层次越丰富,辐射分辨率越高。它对于目标识别是一个很有意义的元素。

(a)辐射量化级为6 bit　　　(b)辐射量化级为4 bit　　　(c)辐射量化级为2 bit

图 2-20　不同辐射分辨率的遥感图像

(四)遥感图像的时间分辨率

时间分辨率是关于遥感影像间隔时间的一项性能指标。遥感探测器按一定的时间周期重复采集数据,这种重复周期又称回归周期。它是由飞行器的轨道高度、轨道倾角、运行周期、轨道间隔、偏移系数等参数所决定的。这种重复观测的最小时间间隔称为时间分辨率。遥感的时间分辨率范围很大。以卫星遥感来说,静止气象卫星的时间分辨率为 1 次/0.5 小时,时间分辨率对于动态监测尤为重要,天气预报、灾害监测等需要短周期的时间分辨率,植物、作物的长势监测需要较长的时间分辨率,而城市扩展等更需要更长的时间分辨率。总之,要根据不同的遥感目的,采用不同的时间分辨率。时间分辨率的决定因素与卫星的回归周期有关,即由遥感卫星决定。如图 2-21(a)、(b)所示为同一地区不同时期的影像图,可以看出不同时期水面的范围也有所不同。

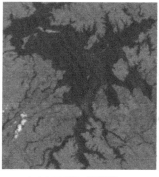 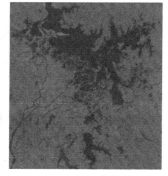

(a)2016年7月影像　　　(b)2016年11月影像

图 2-21　不同时期的遥感图像

知识点 5　遥感图像的类型和存储格式

一、遥感数据的类型

根据数据源不同,常见的遥感数据分为以下五种。

(一)航空遥感数据

包括黑白航空像片、彩虹外航空像片、热红外航空像片和其他航空像片等。

(二)卫星遥感数据

包括 LANDSAT 数据、SPOT 数据、RADARSAT 数据、ASTER 数据等。

(三)高分辨率卫星数据

主要指 IKONS、QUICK BIRD、美国锁眼卫星的数据等。

(四)高光谱数据

包括机载高光谱数据、卫星高光谱数据。

(五)辅助数据

包括地图数据、地面调查数据、地面定位数据、数字地形数据。

二、遥感数据的存储格式

用户从遥感卫星地面站获得的数据一般为通用二进制(generic binary)数据,外加一个说明性头文件。其中,generic binary 数据主要包含三种数据类型:BSQ 格式、BIP 格式、BIL 格式。

(一)BSQ 格式(band sequential)

BSQ 格式是按波段顺序依次排列的数据格式。数据排列遵循以下规律:第一波段位居第一,第二波段位居第二,第 n 波段位居第 n 位。在每个波段中,数据依据行号顺序依次排列,每一列内,数据按像素顺序排列。

(二)BIL 格式(band interleaved by line)

BIL 格式是逐行按波段次序排列,数据排列遵循以下规律:第一波段第一行第一个像素位居第一,第一波段第一行第二个像素位居第二,以此类推,第一波段第一行第 n 个像素位居第 n 位;然后第二波段第一行第一个像素位居第 $n+1$ 位,第二波段第一行第二个像素位居 $n+2$ 位;其余数据排列位置以此类推。

（三）BIP 格式（band interleaved by pixel）

BIP 格式中，每个像元按波段次序交叉排列。排列遵循以下规律：第一波段第一行第一个像素位居第一，第二波段第一行第一个像素位居第二，以此类推，第 n 波段第一行第一个像素位居第 n 位；然后第一波段第二个像素，位居第 $n+1$ 位，第二波段第一行第二个像素位居第 $n+2$ 位；其余数据排列以此类推。

（四）行程编码格式（run-length encoding）

为了压缩数据，采用行程编码形式，属波段连续方式，即对每条扫描线仅存储亮度值以及该亮度值出现的次数。如一条扫描线上有 60 个亮度值为 10 的水体，它在计算机内以 060010 整数格式存储，其含义为 60 个像元，每个像元的亮度值为 10。计算机仅存储 60 和 10，这要比存储 60 个 10 的存储量少得多。但是对于仅有较少相似值的混杂数据，此法并不适合。

（五）HDF 格式（hierarchical data format）

HDF 格式是一种不必转换格式就可以在不同平台间传递的新型数据格式，由美国国家高级计算应用中心（NCSA）研制，已经应用于 MODIS、MISR 等数据中。

HDF 有 6 种主要数据类型：栅格图像数据、调色板（图像色谱）、科学数据集、HDF 注释（信息说明数据）、Vdata（数据表）、Vgroup（相关数据组合）。HDF 采用分层式数据管理结构，并通过所提供的"层体目录疗构"可以直接从嵌套的文件中获得各种信息。因此，打开一个 HDF 文件，在读取图像数据的同时可以方便地查取到其地理定位、轨道参数、图像属性、图像噪声等各种信息参数。

具体地讲，一个 HDF 文件包括一个头文件和一个或多个数据对象。一个数据对象是由一个数据描述符和一个数据元素组成。前者包含数据元素的类型、位置、尺度等信息；后者是实际的数据资料。HDF 这种数据组织方式可以实现 HDF 数据的自我描述。HDF 用户可以通过应用界面来处理这些不同的数据集。例如，一套 8 bit 图像数据集一般有 3 个数据对象——1 个描述数据集成员、1 个图像数据本身、1 个描述图像的尺寸大小。

三、遥感图像数据的输入格式

常见的遥感数据输入格式有：原始的二进制格式数据（BSQ、BIP、BIL）、Landsat-5 图像数据（FASTB）、SPOT-5 图像数据（DIMAP）、MODIS 图像数据（HDF 和 HDF-EOS）、IKONOS 图像数据（GeoTIFF）、QuickBird 文图像数据、雷达数据、seawifs 数据、AVHRR 数据、数字高程文件数据、miscellaneous 格式数据、矢量文件数据等。

四、遥感图像数据的输出格式

常见的遥感图像数据的输出格式主要有：二进制输出格式（BSQ、BIP、BIL），一般图像格式（ASCⅡ、PICT、BMP、GIF、TIFF、HDF、JPEG 等）、矢量格式（ArcViewShape File、DXF、ENVI Vector File 等）、图像处理格式（ArcView Raster、ER Mapper、ERDAS、PCI）等。

习题2

1. 简述电磁波及其特征。
2. 大气散射类型有哪些?
3. 常见的大气窗口有哪些?
4. 遥感平台及遥感平台的分类有哪些?
5. 叙述传感器的构成。
6. 简述摄影成像的特点。
7. 简述遥感图像的特征。
8. 简述遥感数据的存储格式。

考核评价

考核评价表

专业班级		姓名	
实训地点		学号	
实训项目			
实训时间	＿＿＿＿年＿＿＿＿月＿＿＿＿日星期＿＿＿＿第＿＿＿＿至＿＿＿＿节		
实训目的			
实训内容及步骤	(可另附页)		
实训体会与总结	(可另附页)		
实训要点	知识:1.了解电磁波谱特性 　　　2.掌握遥感平台的概念与种类 技能:1.能识别同一波段不同地物的电磁波辐射 　　　2.能识别不同波段电磁波的辐射特性 素质:1.具备自主学习、分析问题、解决问题的能力 　　　2.诚信独立完成工作任务		
实训成绩	优秀□　良好□　中等□　及格□　不及格□ 　　　　　　　　　　　　　签名:＿＿＿＿＿＿＿ 　　　　　　　　　　＿＿＿年＿＿＿月＿＿＿日		

模块 3
遥感图像处理

知识目标：
(1) 掌握遥感数字图像的基础。
(2) 了解遥感图像辐射误差及辐射校正。
(3) 掌握遥感图像几何畸变及几何校正。

技能目标：
(1) 学会遥感图像处理的过程。
(2) 会利用 ERDAS IMAGE 2014 软件完成遥感图像几何校正、投影变换、裁剪及镶嵌。

素质目标：
(1) 培养分析问题、解决问题的能力。
(2) 培养严谨认真的职业精神和团队协作精神。
(3) 培养良好的劳动纪律观念，爱护仪器设备。

模块导入：

遥感技术以物体反射或发射电磁波为基础，各类物体由于其种类、特征和所处环境不同而具有完全不同的电磁波反射或发射特征，反映在遥感图像上则表现为具有不同的像元亮度值(DN)。在实际成像过程中，由于各种因素影响造成辐射误差，图像上像元的亮度值不能真实地反映地物反射或发射特征，给图像的分类、判读、地物识别、递归量化等带来了困难。通过辐射校正，可以消除或减少因传感器自身因素、大气因素、地形及光照条件等引起的辐射误差，尽可能地恢复图像的本来面目。

知识点 1 遥感图像

一、遥感图像基础

遥感图像按照明暗程度和空间坐标的连续性划分为模拟图像和数字图像。模拟图像是指空间坐标和明暗程度都连续变化的、计算机无法直接处理的图像，属于可见图像。数字图像是指被计算机存储、处理和使用的图像，是一种空间坐标和灰度均不连续、用离散数学表示的图像，属于不可见图像。

（一）模拟图像

模拟图像又称光学图像、连续图像，即普通像片那样的灰度级及颜色连续变化的图像，以感光胶片为介质,常见于光学摄影中。摄影时,胶片上的感光材料卤化银与光照产生化学反应,析出银颗粒,并能够根据银颗粒多少确定接收的光能量大小,继而记录下光能量强弱。由于感光胶片的光谱响应限制,模拟图像仅能记录有限的电磁波范围,即 0.9 μm 以下的紫外、可见光与近红外波段。根据胶片的结构,模拟图像可分为黑白片和彩色片。

1. 黑白片

黑白全色片是感光材料中包括全色增感剂,可以感应整个可见光波段(0.38~0.76 μm)各种色光的像片,如图 3-1(a)所示。

黑白红外片是在感光材料中加入红外增感剂,仅感应近红外波段(0.76~0.9 μm)色光的像片,如图 3-1(b)所示。

(a)黑白全色片　　　　　　　　　(b)黑白红外片

图 3-1　美国威斯康星大学校园的黑白片

2. 彩色片

天然彩色片是感光材料依次为感红层、感绿层、感蓝层的胶片,对整个可见光范围敏感,记录、再现原物的色彩,如图 3-2(a)所示。

彩色红外片是一种感光材料依次为感红层、感绿层、感红外层的胶片。在彩色红外像片上,"绿色"物体呈蓝色,"红色"物体呈绿色,"强反射红外"的物体则显示红色。它记录景物反射的绿、红、近红外光,并在像片上呈现由蓝、绿、红 3 色组成的假彩色图像,如图 3-2(b)所示。

(a)天然彩色片　　　　　　　　　(b)彩色红外片

图 3-2　美国威斯康星大学校园的彩色片

(二)数字图像

数字图像又称离散图像,是记录在磁盘、光盘、扫描磁带等电子介质中的影像,便于存储与传输,是以数字形式表示的遥感影像。它通过光电转换,将电磁波能量转换为模拟电压或电流信号,再通过模数转换,将这一信号强弱量化为数值记录下来。

数字图像的最小图像单元称为像元或像素。每个像元有一个位置和一个灰度级。一般用二维数值矩阵表示数字图像,矩阵元素的下标代表位置,矩阵中的数值代表灰度级。灰度级代表该像元颜色的明暗程度:颜色越深、越接近黑色,灰度值越小;颜色越亮则灰度值越大。灰度级的大小对应着该地区反射或发射电磁波能量的强弱,明亮的像元表示对应地面区域具有较强的反射或辐射能力,而黑暗的像元则是反射或辐射弱的地区。数字图像与灰度矩阵如图 3-3 所示。

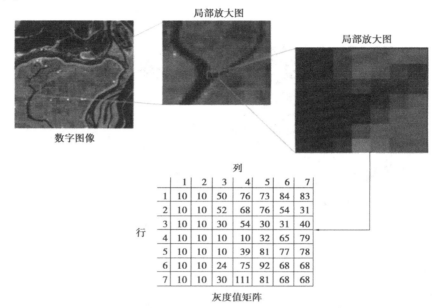

图 3-3 数字图像与灰度矩阵

在一幅数字图像中,常用行列号 (i,j) 来表示像元的位置,因此数字图像又可表达为离散函数 $f(i,j)$。其中 i,j 是正整数,表示像元在图像中的行号与列号,$f(i,j)$ 也是正整数,表示该像元的灰度级。一幅 m 行、n 列的数字图像可以表示为:

$$f(i,j)=\begin{bmatrix} f(0,0) & f(0,1) & \cdots & f(0,n-1) \\ f(1,0) & f(0,1) & \cdots & f(1,n-1) \\ \vdots & \vdots & & \vdots \\ f(m-1,0) & f(m-1,1) & \cdots & f(m-1,n-1) \end{bmatrix}$$

通常情况下,一幅完整的遥感数字图像由若干个矩阵组成。遥感器会依据电磁波的波长或频率,将其分割成若干个波段,记录每一个波段的电磁波能量,这就意味着每一个波段都会生成一幅数字图像。

(三) 图像数字化

模拟图像上的坐标和灰度值都是连续变化的,可以用连续函数表示。为了使计算机能够处理,必须转换为数字形式。将模拟图像转换为数字图像的过程(简称模数转换,A/D 转换)称为图像数字化。

图像数字化就是把模拟图像分割成同样形状的小单元,以各个小单元的平均亮度值或中心部分的亮度值作为该单元的亮度值进行数字化的过程,主要包括采样和量化两个过程。

1. 采样

采样是指将模拟图像连续的空间坐标进行离散化,即将图像划分为一个个小区域,小区域通常是正方形,如图 3-4 所示。采样间隔和采样孔径是采样的两个重要参数,决定遥感图像的空间分辨率。通常采样间隔与采样孔径大小相等,采样间隔或采样孔径越大,图像的行、列数越少,图像空间分辨率越低;反之,则越高。

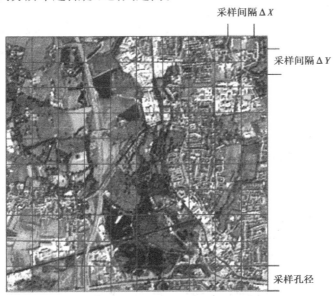

图 3-4　采样示意图

2. 量化

遥感模拟图像离散采样后,得到的图像是不能直接用计算机处理的,要进一步离散并归并到一个个区间,分别用有限个整数来表示,这个过程称为量化。一幅遥感数字图像中不同灰度值的个数称为灰度级,用 G 表示。若一幅数字图像的量化灰度级数 $G=2^8$ 级,灰度取值范围一般是 0~256 的整数。像素灰度级只有 2^1 级的图像称为二值图像,通常取 0 为白色,1 为黑色。

二、遥感图像特征

遥感平台不同、遥感器的波段划分不同、光电转换模式不同,使得遥感图像具有不同的特征。

(一)空间分辨率

空间分辨率是指数字图像像元所能分辨目标的尺寸大小,即每个像元对应地面的大小。对传感器或图像而言,指图像上能详细区分的最小单元的尺寸或大小;对地面而言,指可以识别的最小地面距离或最小目标物的大小。不同空间分辨率的图像如图 3-5 所示。

(a) 采样点 200×200　　　　　(b) 采样点 100×100　　　　　(c) 采样点 50×50

图 3-5　不同空间分辨率的图像

(二) 时间分辨率

时间分辨率是指对同一地点进行重复拍摄的最小时间间隔,也称为重访周期,度量单位是分钟、小时、天或月。时间分辨率往往与卫星的飞行高度、轨道倾角、运行周期、偏移系数等参数相关。

多时相遥感图像能提供地物动态变化信息,能够反映同一地物在不同时期的不同特征。广泛用于地物的变化监测,也可为某些专题的精确分类提供附加信息。如图 3-6(a)、(b)均为同一地区的不同时期影像图,可发现不同时期水面的范围也有所不同。

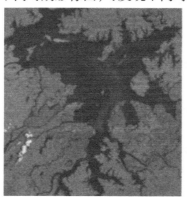 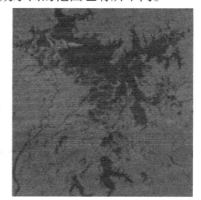

(a) 2016 年 7 月影像　　　　　(b) 2016 年 11 月影像

图 3-6　不同时期的遥感图像

(三) 波谱分辨率

波谱分辨率是传感器在接收目标辐射时能分辨的最小波长间隔,即指传感器探测器件接收电磁波辐射所能区分的最小波长范围。波长间隔越小,光谱分辨率越高,即在等长的波段宽度下,传感器的波段数越多,各个波段宽度越窄,地面物体的信息越容易区分和识别。

波段的波长范围越小,波谱分辨率越高,也指传感器在其工作波长范围内所能划分的波段的量度,波段越多,波谱分辨率越高。如陆地卫星多波段扫描仪 MSS 和 TM(专题制图仪),在可见光范围内,MSS 3 个波段的光谱范围均为 0.1 μm;TM1~3 波段的波谱范围分别是 0.07 μm、0.08 μm 和 0.06 μm。后者波谱分辨率高于前者。MSS 共有 4~5 个波段;TM 共分 7 个波段,也说明后者波谱分辨率高于前者。因地物波谱反射或辐射电磁波能量的差别,最终反映在遥感影像的灰度差异上,故波谱分辨率也反映区分不同灰度等级的能力。不同波谱分辨率的传感器对同一地物探测效果有很大的区别,如图3-7所示。间隔越小,分辨率越高。

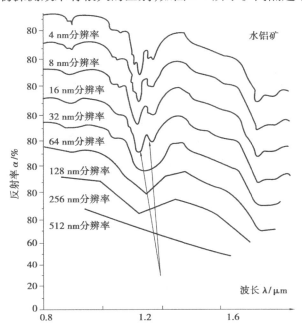

图3-7 不同波谱分辨率传感器对同一地物的探测效果

(四)辐射分辨率

辐射分辨率是指传感器区分地物辐射能量细微变化的能力,即传感器的灵敏度。它是遥感器在接收电磁波信号时能够区分的最小辐射度差,如图3-8所示,体现了传感器对于光信号强度差异的敏感程度。传感器的辐射分辨率越高,其对地物反射或发射辐射能量的微小变化的探测能力越强。在遥感图像上表现为每一像元的辐射量化级。在可见、近红外波段用噪声等效反射率表示,在热红外波段用噪声等效温差、最小可探测温差和最小可分辨温差表示。

(a)辐射量化级为6 bit　　(b)辐射量化级为4 bit　　(c)辐射量化级为2 bit

图3-8 不同辐射分辨率的遥感图像

技能点1 了解 ERDAS IMAGE 遥感图像处理软件

一、任务导入

了解目前主流的遥感图像处理软件 ERDAS IMAGE 的安装与主要功能模块,在此基础上,掌握视窗操作模块的功能和操作技能,为遥感图像的预处理等后续实习奠定基础。

ERDAS IMAGINE 是美国 ERDAS 公司开发的遥感图像处理系统。它以其先进的图像处理技术,友好、灵活的用户界面和操作方式,面向广阔应用领域的产品模块,服务于不同层次用户的模型开发工具以及高度的 RS/GIS 集成功能,为遥感及相关应用领域的用户提供了内容丰富而功能强大的图像处理工具,代表了遥感图像处理系统未来的发展趋势。

二、知识学习

(一) ERDAS IMAGINE 功能体系

根据 ERDAS IMAGIN 系统功能,常规遥感影像处理与遥感应用研究的工作流程,如图 3-9 所示。

(二) 主要功能简介

1. 影像显示

启动 ERDAS IMAGINE 2014 后,系统会自动打开一个二维视窗。影像显示视窗是显示栅格影像、矢量图形、注记文件、AOI 等数据层的主要窗口。

在应用过程中可以随时添加新的视窗,单击 Home 标签,Add Viewer 可以添加二维、三维、制图等不同类型视窗,也可以控制视窗的显示形式,如横放、竖放或是田字格放置等。

2. 数据输入

可以在 ERDAS IMAGINE 中直接打开近百种数据格式,无法直接打开的数据可以通过 ERDAS IMAGINE 的 Import/Export 工具进行转换,将各种格式的数据转换为 img 格式。

3. 数据预处理

应用遥感技术获取数字影像的过程,必然会受到太阳辐射、大气传输、光电转换等一系列环节的影响,同时还受到卫星姿态与轨道、地球的运动与地表形态、传感器的结构与光学特性的影响,从而导致数字遥感影像存在辐射畸变与几何畸变。因此,遥感数据在接收之后与应用之前,必须进行辐射校正与几何校正。几何校正处理之后需要开展的工作,就是根据研究区域空间范围进行影像的裁切或者镶嵌处理,并根据需要进行影像投影变换处理,为随后的影像分类处理与空间分析做准备。

4. 影像增强

影像增强的内容主要包括:空间、辐射、光谱增强处理。

- 空间增强:包括卷积增强处理、纹理分析、自适应滤波、聚集分析等。
- 辐射增强:包括 LUT 拉伸处理、直方图均衡化处理、直方图匹配等。

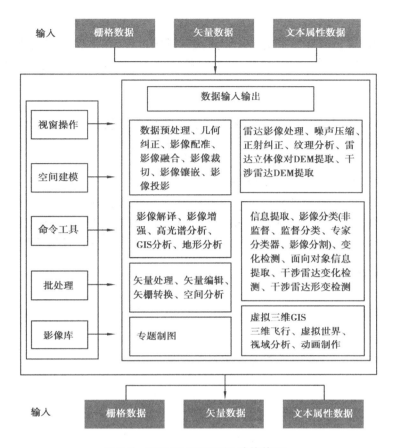

图 3-9 ERDAS IMAGINE 功能体系

- 光谱增强:包括主成分变换、缨穗变换、色彩变换、指数计算,自然色彩变换等。

在实际运用中,不是所有的影像增强处理方法都要用到,具体采用哪种影像增强处理方法,视具体的研究区域、研究内容和对象而定。

5. 影像融合

影像融合是指将多源信道所采集到的关于同一目标的影像数据经过影像处理和计算机技术处理等,最大限度提取各自信道中的有利信息,最后综合成高质量的影像,以提高影像信息的利用率、改善计算机解译精度和可靠性、提升原始影像的空间分辨率和光谱分辨率,利于监测。

6. 批处理

ERDAS IMAGINE 的众多功能除了可以逐个执行外,还可以采用批处理的方式进行。通过批处理方式,用户可以在任何时刻用一个或者多个命令(功能)来处理一个或者多个文件。这个功能适用于在系统处于不繁忙状态(如夜间)时处理某些数据,或者用于对大量数据进行相同处理,比如对数百个影像进行二次投影变换处理等。

7. 影像分类

影像分类就是基于影像像元的数据文件值,将像元归并成有限几种类型、等级或数据集的过程。常规影像分类方法主要有两种:非监督分类与监督分类。专家分类方法是近年来发展起来的新兴遥感影像分类方法。

8. 空间建模

图形模型的创建过程实质上就是用户解决问题的过程,在借助模型生成器创建图形模型时,需要经过6个基本步骤:明确问题、放置对象图形、选择图形对象、定义图形对象、定义函数操作、运行模型。

9. IMAGINE AutoSync 影像自动配准模块

IMAGINE AutoSync 为影像的自动配准提供了两种工作流程,一种是向导驱动,另一种是工作站。影像自动配准向导可以指导几何校正的过程,也可以用工作站对工作流程进行基本的控制。

10. IMAGINE DeltaCue 智能变化检测模块

IMAGINE DeltaCue 智能变化检测是以工作流为基础来管理数据预处理、变化检测、变化滤波、变化结果查看以及解译等功能。智能变化检测采用标准的自动预处理,内嵌了多种强大的变化算法,配合灵活的可视化分析使得变化检测满足用户的各种变化检测要求。

三、实训演练

(一)软件安装

[实训名称]

ERDAS IMAGINE 2014 遥感图像处理软件安装。

[实训目的]

掌握 ERDAS IMAGINE 2014 遥感图像处理软件安装。

[实训内容]

1. 安装 Install ERDAS Foundation 2014

打开 foundation-v14.0-win 安装文件夹,双击 setup.exe 文件(图3-10),进行程序的安装。

AUTORUN.INF	92	92	安装信息
Background.png	64,397	64,024	PNG 图片文件
dotNetFx40_Fu...	50,449,456	50,431,772	应用程序
imagine.ico	301,310	39,089	ICO 图片文件
ReadMe1st.txt	717	418	文本文档
Setup.exe	148,336	49,497	应用程序
Setup.exe.config	1,801	538	XML Configuratio...
Setup.vbs	13,866	6,703	VBScript Script 文...

图3-10 安装文件

单击"安装"按钮进行安装,然后单击 install、next、接受许可协议,单击下一步之后,单击 install,等待几分钟完成安装。安装结束后单击 finish 按钮,Intergraph Setup Manager 显示绿色小勾表示第一步安装完成(图3-11)。

2. 安装 ERDAS IMAGINE 2014

注意对应电脑支持的类型,若电脑为64位,则选择 X64 安装包,若电脑为32位,则选择 X86 安装包。

打开 imagine-v14.0-win-x64 安装文件夹,直接双击 setup.exe 文件,单击"安装"按钮。

自动计算计算机存储空间,单击 next,同样的接受许可协议,单击 next,然后单击 install,接下来需要等待一段时间,安装完成后单击 finish 按钮(图3-12)。

等待 intergraph setup manager 自动配置(图3-13),配置完成后,将其关闭(图3-14),进行破解。

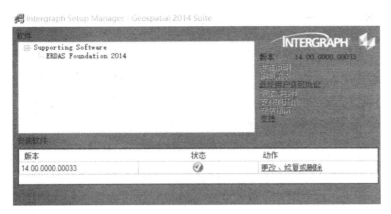

图 3-11　Foundation 安装完成界面

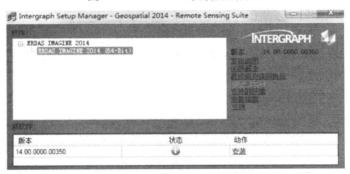

图 3-12　ERDAS IMAGINE 安装界面

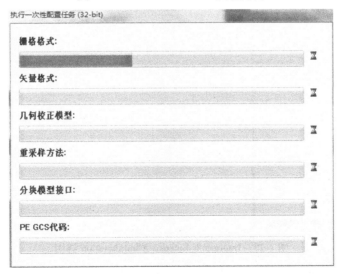

图 3-13　配置界面

3. 破解文件替换覆盖

①复制破解文件夹 patch 下的 \x64\Program Files\Intergraph\ERDAS IMAGINE 2014\bin 里面所有文件到相应安装目录，如默认安装到 C:\Program Files\Intergraph\ERDAS IMAGINE 2014\bin。

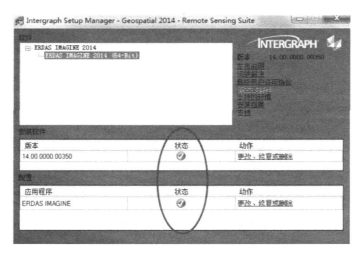

图 3-14　ERDAS IMAGINE 安装完成界面

②复制 patch 下的 \x64\Program Files\Common Files\Intergraph\Licensing\11.11.1\Program 目录下的两个文件 LicStatusRpt.exe 和 ShowHostID.exe 到第一步安装的路径下对应的位置。

4.许可配置

开始>>>所有程序>>>打开 Intergraph License Administration(图 3-15)。

图 3-15　Intergraph License Administration 界面

在菜单处选择 Client>>>Lisence HOST ID(图 3-16)。

复制弹出框里的 Composite ID,并用它替换许可文件 Intergraph.lic 里倒数第五行的代码里框出部分:FEATURE ISAE_ExtDP INGRTS 14.0 permanent uncounted HOSTID=COMPOSITE=843D2E829359,如图 3-17 所示。

返回到 Intergraph License Administration 页面,单击 File>Import License File,加载刚才修改后的 Intergraph.lic,破解完成。

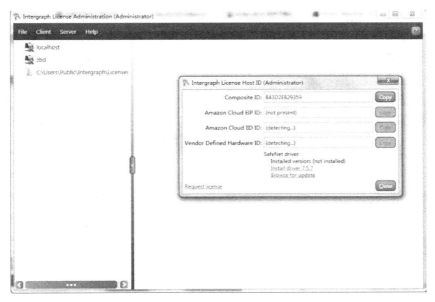

图 3-16　许可配置界面

图 3-17　License 设置

5. 打开 ERDAS IMAGINE 2014

(二)遥感图像的显示与数据输入

[实训名称]
遥感图像的显示与数据输入。
[实训目的]
1. 掌握遥感图像数据的显示。
2. 了解常见遥感图像格式。
3. 掌握单波段二进制遥感图像输入方法和过程。

[实训内容]
1. 遥感图像的显示
(1) 启动程序
有两种方法启动程序：
① 工具面板中选择 File | Open | Raster Layer，打开 Select Layer To Add 对话框。
② 用鼠标在视窗中右击，选择 Open Raster Layer 打开 Select Layer To Add 对话框（图3-18）。

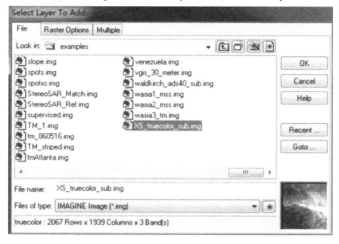

图3-18　Select Layer To Add 对话框

(2) 确定文件
Select Layer To Add 对话框中的 File 选项用于影像文件的确定，可选择影像文件的路径、文件类型及名称，如果之前创建过缩略图，在对话框右下角会显示影像的缩略图。

(3) 设置参数
在 Select Layer To Add 对话框中单击 Raster Options，进入参数设置状态，如图3-19 所示。

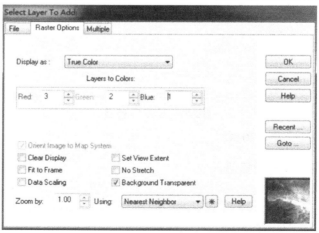

图3-19　Raster Options 参数设置

各项参数具体内容及含义，见表3-1。

表 3-1　Raster Options 中参数级含义

参数	含义
Display as： True Color Pseudo Color Gray Scale Relief	影像显示方式： 真彩色（多波段数据） 伪彩色（专题分类数据） 灰度显示（单波段数据） 地形显示（DEM 数据）
Layers to Colors： Red:3 Green:2 Blue:1	影像颜色合成波段： 红:3　绿:2　蓝:1
Clear Display	清除视窗所有数据
Fit to Frame	缩放到全图
Data Scaling	数据拉伸
No Stretch	不拉伸显示
Background Transparent	背景透明显示
Using： Nearest Neighbor Bilinear Interpolation Cubic Convolution Bicubic Spline	影像显示时的重采样方法： 最近邻 双线性内插　立方卷积插值 双立方样条函数

打开多个数据时可以有三种方式，单击 Multiple，Multiple Independent Files 表示每个数据独立打开，一般都使用这种方式；Multiple Images in Virtual Mosaic 表示将数据进行虚拟镶嵌并显示；Multiple Images in Virtual Stack 表示将数据进行虚拟波段合成并显示。

（4）打开影像

参数设置完后，在 Select Layer To Add 对话框中，单击 OK，打开所确定的影像，视窗中显示该影像，如图 3-20 所示。

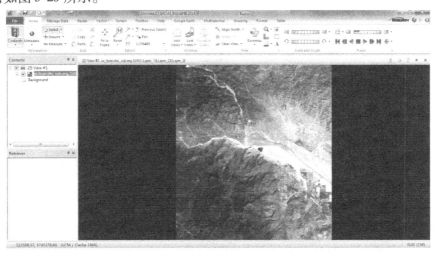

图 3-20　影像显示

2. 遥感图像数据输入

将若干单波段遥感图像文件组合生成一个多波段遥感图像文件,需要两个步骤,一是单波段数据输入,二是多波段数据组合。

(1)单波段数据输入

将各波段数据(Band Data)依次输入,转换为 ERDAS IMAGINE 的 *.IMG 格式文件。运行 ERDAS 软件,选择 Manage Data→Import 图标,打开输入对话框(图 3-21)。设置下列参数:
- 选择输入数据类型(Type)为普通二进制:Generic Binary
- 确定输入文件路径和文件名(Input File):band1.dat
- 确定输出文件路径和文件名(Output File):band1.img
- 单击 OK 按钮(关闭数据输入对话框)

图 3-21 输入对话框

打开 Import Generic Binary Data 对话框(图 3-22)。在 Import Generic Binary Data 对话框中定义下列参数(在图像说明文件里可以找到参数)。

图 3-22 Import Generic Binary Data 对话框

- 数据格式(Data Format):BIL
- 数据类型(Data Type):Unsigned 8 Bit
- 图像记录长度(Image Record Length):0
- 头文件字节数(Line Header Bytes):0

- 数据文件行数(Rows):5728
- 数据文件列数(Cols):6920
- 文件波段数量(Bands):1

完成数据输入,保存参数设置(Save Options)。打开 Save Options File 对话框,定义参数文件名(Filename):*.gen;单击 OK 按钮,退出 Save Options File 对话框。

打开一个视窗显示输入图像,即可预览(Preview)图像效果。如果预览图像正确,说明参数设置正确,可以执行输入操作。重复上述部分过程,依次将多个波段数据全部输入并转换为*.IMG 格式文件。

(2)多波段数据组合

在 ERDAS 工具面板中,单击 Raster-Spectral-Layer Stack,打开 Layer Selection and Stacking 的对话框,如图 3-23 所示。

图 3-23　Layer Selection and Stacking 的对话框

在 Layer Selection and Stacking 对话框中,依次选择并加载(Add)单波段 IMG 影像:
- 输入单波段影像文件(Input File:*.img):band1.img——Add
- 输入单波段影像文件(Input File:*.img):band2.img——Add
- 重复输入单波段影像文件直到将所有的波段影像文件都加载进去
- 输入组合多波段影像文件(Output File:*.img):bandstack.img
- 单击 OK 执行并完成波段组合

◉ 知识点 2　遥感图像的校正

遥感影像表征了地物波谱辐射能量的空间分布,辐射能量的强弱与地物的某些物性相关。为了挖掘遥感资料的信息潜力,提高解译效果,必须用先进技术方法对原始影像进行一系列处理,使影像更为清晰,目标物体的标志更明显突出,易于识别。由于传感器自身的原因或者太阳位置、大气条件、地形影像等造成图像失真,要对图像进行校正。图像校正主要包括辐射校正及几何校正。

一、辐射校正

(一) 辐射误差

遥感成像时,遥感信息传输过程如图3-24所示,传感器在接受来自地面目标物的电磁波辐射能量时,受遥感传感器本身特性影响。大气作用及地物光照条件等影响,致使遥感传感器的探测值域地物设计的光谱辐射值不一致,遥感图像产生辐射误差。辐射误差的存在导致图像模糊失真、图像的分辨率和对比度下降、产生"同物异谱,异物同谱"现象,影响了地物的正确判读与识别。为了还原地物的真实面貌,完成地物的正确识别,实现遥感定量化需求,要对辐射误差进行校正。

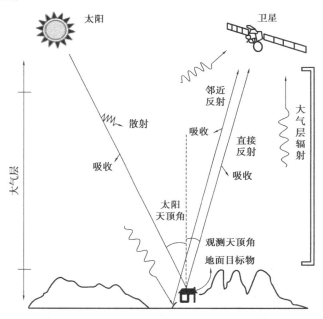

图3-24 遥感信息传输过程

遥感图像的辐射误差主要包括:
①传感器本身的性能引起的辐射误差。
②太阳高度角和地形影像引起的辐射误差。
③大气的散射和吸收引起的辐射误差。
④遥感检测系统引起的辐射误差。

(二) 辐射校正

遥感图像辐射校正的目的是消除或改正遥感图像成像过程中附加在传感器输出辐射能量中的各种噪声。为了获取地表实际反射的太阳辐射亮度值或反射率,辐射校正通常包括传感器校正(辐射定标)、大气校正、地形辐射校正及太阳高度角校正。

1. 传感器校正

传感器本身的影响导致图像不均匀,产生条纹和噪声,一般可由数据生产单位根据传感器参数进行校正。传感器校正是为了消除传感器本身所带来的辐射误差,并将传感器记录的无量纲 DN 值转换成具有实际物理意义的大气顶层辐射亮度或反射率。DN 值是遥感影像像元亮度值,记录着地物的灰度值,是一个整数值,值大小与传感器的辐射分辨率、地物发射率、大气透过率和散射率等有关。因此,传感器校正依靠的是辐射定标,辐射定标的原理就是建立数字量化值与其所对应视场中辐射亮度值之间的定量关系,以消除传感器本身产生的误差。辐射定标可分为相对辐射定标和绝对辐射定标。

相对辐射定标是对原始亮度值进行归一化处理来消除传感器本身的误差,得到的结果仍是不具备物理意义的 DN 值。绝对辐射定标是建立 DN 值与实际辐射值之间的关系来获取目标地表辐射量,得到的是大气顶层的辐射亮度/反射率。

2. 大气校正

进入大气的太阳辐射会发生反射、折射、吸收、散射和透射,其中对传感器接收影响最大的是吸收和散射。大气校正是将大气顶层的辐射亮度值(大气顶层反射率)转换为地表反射的太阳辐射亮度值(地表反射率),主要是为了消除大气吸收、散射对辐射传输的影响。如图 3-25 所示是对某区域的 MODIS 影像进行校正。

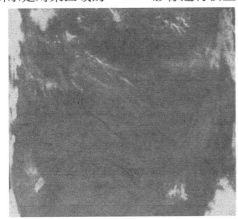 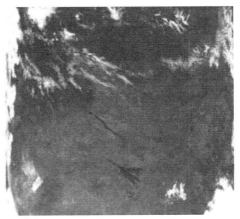

图 3-25 某区域大气校正前后的 MODIS 影像

3. 地形辐射校正

在地形起伏地区,地形坡度、坡向和太阳光照等对遥感影像的辐射亮度影响非常显著,朝向太阳的坡面接受到更多的光照,在遥感影像上色彩要亮一些,而太阳的阴面在图像上表现得要暗淡一些,如图 3-26 所示。

由于地形起伏的变化,在遥感影像上会造成同类地物灰度值不一致的现象。地形校正的目的是消除由地形引起的辐射亮度误差,使坡度不同但反射性质相同的地物在图像中具有相同的亮度值,如图 3-27 所示,校正后,东北部的山区阴影情况明显减少,坡度变化纹理增强,地形校正起到了显著的作用。

4. 太阳高度角校正

太阳位置的变化会导致不同地表位置接收到的太阳辐射不相同,从而导致不同地方、不同季节、不同时期获取的遥感图像之间存在辐射差异。太阳位置通常以太阳高度角和太阳方位角进行描述,太阳高度角是指地球上某地的太阳入射方向与地平面之间的夹角,与太阳天顶角互余。因此,太阳辐射校正,主要校正由太阳高度角导致的辐射误差,即将太阳光线倾斜照射时获取的影像校正为太阳光垂直照射时获取的影像。太阳高度角的校正主要用于比较不同太阳高度角的图像,消除不同地方、不同季节、不同时期图像之间的辐射差异,通常通过调整一幅图像内的平均灰度来实现。

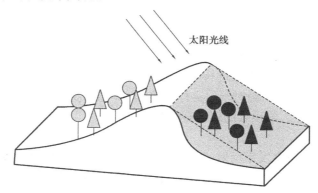

图 3-26　地形起伏引起的亮度变化

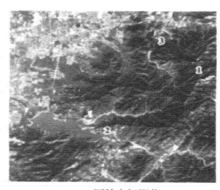 

（a）原始定标影像　　　　　　　　（b）地形校正结果

图 3-27　地形校正前后影像的对比

二、几何校正

(一)空间定位处理

空间参考是一个用于定义地理要素精确空间位置的框架,能够将遥感图像上的要素定位到它在地球表面的相应位置。简单地说,为遥感图像自定义一个空间参考就是给它定义一个坐标系。坐标系分为地理坐标系(大地坐标系)和投影坐标系两种,分别用来表示三维的球面坐标和二维的平面坐标。

1. 地理坐标系

地理坐标系是使用大地经度与大地纬度来描述地球表面某一点具体空间位置的坐标系统,经度与纬度的单位是度、分、秒。确定地理坐标系包括定义参考椭球与定义基准面两个步骤。

(1)定义参考椭球

地球是一个两极略扁、中间略大的不规则球体,不便于使用数学公式进行描述。为了测量成果的计算和制图工作的需要,通常用一个尽可能与地球表面吻合的、能以数学公式计算的椭球体面代替真实的地球表面,这一椭球体就是参考椭球。建立了参考椭球,就确定了球的形状和大小。

(2)定义基准面

参考椭球与地球表面不完全重合,必然会出现有的地方贴合得好、有的地方贴合得不好的问题,因此需要一个大地基准面来控制参考椭球和地球的相对位置。参考椭球定位后,确定了地理坐标系,即可以划分经线与纬线。

2. 投影坐标系

地理坐标系以经度与纬度描述空间位置,不便于进行面积、周长、距离等常用的空间量算。在实际工作中,须要将参考椭球体曲面投射为平面,这一过程就是投影。投影后的平面坐标系通常以 m、km 为单位,称为投影坐标系。按照国家地形图制图标准,大于或等于 1∶50 万比例尺的地图都采用高斯-克吕格投影。

在实际应用中,获取的原始数据往往是不符合制图要求的,即它们的坐标系统、投影方式等与应用需求不一致,此时就须进行坐标变换。坐标变换是指将遥感图像从一个空间参考系的坐标值转换为另一个空间参考系的坐标值。

(二)图像的几何校正

几何校正就是将图像数据投影到平面上,使其符合地图投影系统的过程;而将地图投影系统赋予图像的过程称为地理参考。由于所有地图投影系统都遵从于一定的地图坐标系统,所以几何校正过程包含了地理参考过程。

1. 几何畸变概念

遥感图像几何畸变是指原始图像上各地物的几何位置、形状、尺寸、方位等特征与参照系统中的表达要求不一致时产生的变形。几何变形是平移、缩放、旋转、偏扭、弯曲及其他变形综合作用的结果。几何畸变有两层含义:一是指卫星在运行过程中,由姿态、地球曲率、地形起伏、地球旋转、大气折射以及传感器自身性能所引起的几何位置偏差;二是指图像上像元的坐标与地图坐标系中相应坐标之间的差异。

2. 几何畸变产生的原因

(1)传感器成像方式的影响

传感器成像方式有中心投影、全景投影及斜距投影,投影方式不同也会引起图像变形,如图 3-28 所示。

(2)传感平台位置及运动状态变化的影响

传感器外方位元素是指成像时传感器的位置和姿态。当外方位元素偏离标准位置而出现变动时,就会使图像产生变形,如图 3-29 所示。

(3)地形起伏引起的像点位移的影响

当地形有起伏时,会产生局部像点的尾翼,使原本应是地面点的信号被同一位置上某一高点的信号代替,由于高差,实际像点距像幅中心的距离相对于理想像点距像幅中心的距离移动一点,也就是像点位移。

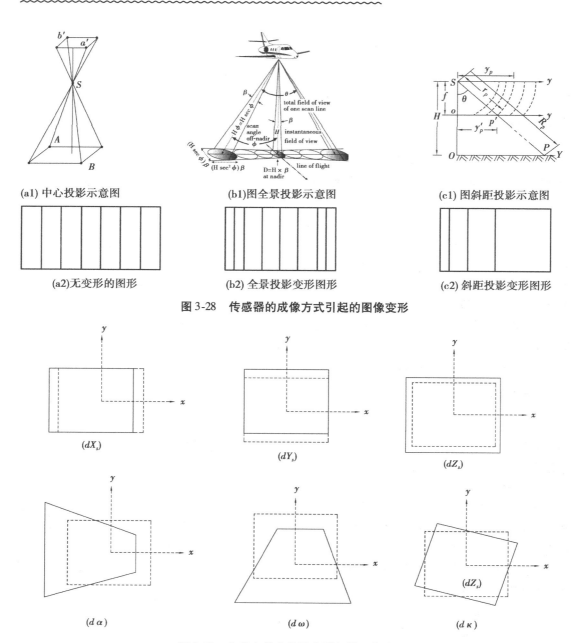

图 3-28 传感器的成像方式引起的图像变形

图 3-29 各单个外方位元素引起的图像变形

（4）地球表面曲率的影响

地球是椭球体，因此其表面是曲面，这一曲面的影像主要体现在两方面，一是像点位移，二是像点对应于地面宽度不等。

（5）大气折射的影响

电磁辐射的传播路径是一条曲线，导致传感器接收的像点发生位移，即大气折光差。

（6）地球自转的影响

卫星前进过程中，传感器对地面扫描获取影像时，地球自转影像较大，会产生影像偏离。

3. 几何校正方法

几何校正是为了消除原始图像上的几何畸变,使遥感图像上的各地物符合地图投影参照系要求。遥感图像的几何校正通常分两个阶段进行:一是地面接收站接收到原始影像后进行的系统校正,称为粗校正,主要是针对遥感平台、传感器自身、地球、大气等因素进行处理;二是遥感图像经过了系统校正,但仍存在较大的几何偏差,用户或影像接收部门根据使用目的、投影、比例尺等需要,进行再次校正,这一阶段称为非系统校正或精校正。几何校正的过程,如图 3-30 所示。

几何精校正是通过在基础数据和图像中分别寻找地面控制点的同名坐标并借此建立变换关系来进行几何精校正。其主要是利用地面控制点数据确定一个模拟几何畸变的数学模型,以此建立原始图像空间域标准空间的某种对应关系,其次利用这种对应关系,把畸变图像空间中的全部像元变换到标准空间中,从而实现图像的几何精校正。主要步骤包括建立校正公式,选择控制点,坐标变换,灰度重采样。

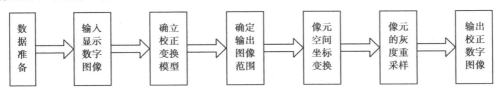

图 3-30 几何校正的过程

(1) 校正公式

校正公式是实现图面坐标系到参照坐标系变换的基础,常用的校正公式包括一次、二次等角变换式,二次、三次投影变换式。不同的校正公式需要计算的系数个数不同,因此需要的最少控制点个数也不同。如采用二次多项式,共有 12 个系数,需要 6 对控制点,解求出多项式的系数 a_i, b_i,从而确定该二次多项式。

(2) 选择控制点

控制点个数 N 与多项式次数 n 间的关系为:

$$N = \frac{(n+1)(n+2)}{2}$$

计算出的控制点个数只是理论上的最低数,为了提高校正精度,需要更多的控制点。

在选取控制点时,尽量选择具有明显、清晰定位标识的点,如道路交叉口、河流交叉口、建筑物尖角、农田边界尖角等地点;尽量选择永久地物,因待校正影像与参考影像的拍摄时间常常不一致,无法在两幅影像中同时识别一些变化较快的地物;控制点数量要满足要求,尽量选择较多的控制点,适当增加控制点的个数,可以明显提高几何校正的精度;尽量使控制点均匀分布在整幅影像上。

(3) 坐标变换

将控制点的 (x,y) 和 (X,Y) 坐标代入校正公式,计算出校正公式中的系数,从而确定图面坐标与参照坐标的数学关系;再逐一将变换后的图像像元坐标 (X,Y) 代入校正公式,计算出其在原始图像坐标系下的坐标 (x,y)。

(4) 灰度重采样

重新定位后的像元在图像中分布不均,需要建立新的图像矩阵,对新像元按一定的规则重新赋亮度值。主要有最近邻法、双线性差值法、三次卷积法。

①最近邻法,直接取与待定像元 P 距离最近的像元 N 的灰度值为该点的灰度值。该方法算法简单且保持原光谱信息不变,缺点是几何精度较差,图像灰度具有不连续性,边界出现锯齿状。

②双线性插值法,需要使用待定点邻近的 4 个原始像元计算卷积核,即待定点周围像元对待定点贡献的函数。计算较简单,图像灰度具有连续性且采样精度比较精确,缺点是细节丧失,图像略变模糊。

③三次卷积法,需要待定点周围 16 个原始像元。该方法计算量大,图像灰度具有连续性且采样精度比较高。

技能点 2　遥感图像的几何校正

一、任务导入

如有两幅 Landsat 影像,如何进行几何校正呢?

二、技能训练

(一)遥感图像几何校正

[实训名称]

遥感图像几何校正。

[实训目的]

1. 掌握控制点的选取原则。

2. 掌握利用 ERDAS IMAGEING 2014 进行遥感图像几何校正的基本方法与步骤。

[实验数据]

待纠正的数据:tmAtlanta. img

参考影像:panAtlanta. img

[实训内容]

1. 启动几何纠正模块

①打开待纠正的影像 tmAtlanta. img,单击 Menu—Open—Raster Layer 或在 Viewer 中单击右键—Open Raster Layer…

②单击 Multispectral 选项卡,在 Transform & Orthocorrect 标签组中单击 Control Points 图标。

③在打开的选择纠正模型对话框中(图 3-31)选择 Polynomial(多项式模型),单击 OK 继续。

④在弹出的选择 GCP 来源对话框(图 3-32)中选择 Image Layer(New Viewer),单击 OK 继续。

⑤在弹出的文件选择对话框中选中参考影像 panAtlanta. img,单击 OK。弹出参考影像的投影信息,查看即可,单击 OK 继续。

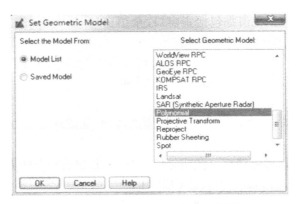

图 3-31　Set Geometric Model 对话框

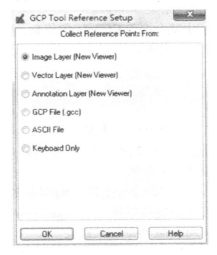

图 3-32　GCP ToolReference Setup 对话框

⑥在弹出的多项式模型属性对话框（图3-33）中，设置 Polynomial Order（多项式次数）为 2 次，单击 Apply 应用，然后单击 Close 关闭。此时则会出现几何校正界面，工具栏中提供了缩放漫游按钮，可以根据需要使用。

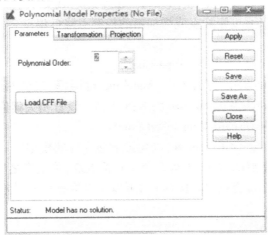

图 3-33　Polynomial Model Properties 对话框

校正界面中,每个数据视窗都包括主窗口、全图窗口、放大窗口三个窗口,底部的列表显示所采集的 GCPs 的信息。

在主窗口和全图窗口中可以看到链接框,可以拖动及缩放获取更佳的视觉效果(链接框的颜色可以在窗口单击右键,选择 Link Box Color 进行设置)。

2. 采集地面控制点

注意 GCP 一般选择在两幅影像中都易识别的地物,如道路交叉点等,GCP 分布要尽量均匀覆盖整个区域。

①在 tmAtalanta 中拖放链接框寻找明显的地物点,并缩放到合适大小。

②单击 ✪ 图标,在 tmAtalanta 中采集 GCP #1。

③在 panAtlanta 中移动链接框找到该地物,并缩放到合适大小。

④单击 ✪ 图标,在 panAtlanta 中采集 GCP #1。

采集完之后,GCP 数据列表中就会出现 GCP #1 的信息,选中第一行 GCP #1,单击 Color 修改其颜色,以方便识别,如图 3-34 所示。

图 3-34 GCP 数据列表

⑤重复上述操作,采集其他的 GCPs,2 次多项式至少需要 6 个控制点,为了保证精度,一般采集更多的控制点,使其在全图均匀分布。

在采点中,要注意保存操作。在 File 中分别保存 Input 和 Reference,第一次保存使用 Save Input/Reference As,若之前保存过则直接单击 Save Input/Reference 即可。如果之前保存过 GCC 文件,也可通过 Load Input 和 Load Reference 载入。

⑥采集完 6 个控制点后,在采集第 7 个点时(多项式次数为 2 次),在待校正影像中采完点后,参考影像中会自动添加对应大致位置的点,这时我们只需拖动该点到正确的位置即可。同时,在采集第 7 个点时,GCP 列表中 RMS Error 会显示每个点的误差,在状态栏可以看到控制点的总体误差,如果没有单击工具栏的统计图标 Σ 即可计算。

⑦几何精纠正要求 GCP 总体误差(Total)一般平坦区域要小于 1,山区小于 2。如果误差较大,需要进行修改,可以通过删除点或增加新的控制点降低误差。

3. 采集地面检查点

①在菜单条中选择 Edit-Set Point Type-Check。

②选择 Edit-Point matching,打开 GCP Matching 对话框,设置最大搜索半径 Max Search Radius 为 3,搜索窗口 Search Window Size 为 X:5,Y:5。设置相关阈值 Correlation Threshold 为 0.8,勾选删除不匹配的点 Discard Unmatched Points。

③在工具栏单击 🔒 锁定 GCP Tool 🔒,以免影响建立好的模型。

④按照采集地面控制点的方法,采集 5 个左右检查点,采集完之后单击 🔒 解除锁定。

⑤在工具栏单击计算检查点误差图标 ☑,可以获得检查点的误差。一般要求检查点误差小于 1。

4. 查看模型参数

在控制点采集完成之后,转换模型就自动计算完成,单击工具栏中的 ▢ 图标,在弹出的多项式模型属性对话框(图 3-35)中单击 Transformation 选项卡,可以查看模型参数。

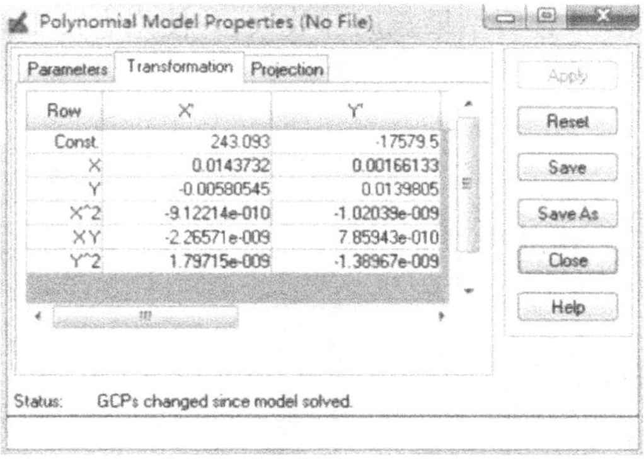

图 3-35　多项式模型属性对话框

5. 影像重采样

①在工具栏单击影像重采样 图标,打开影像重采样对话框,如图 3-36 所示。

②设置输出文件名和路径,这里设置为 Geo_Correct.img。

③将重采样方法(Resample Method)设为最近邻法(Nearest Neighbor)。

④设置输出像元大小(Output Cell Sizes)(一般与原数据像元大小一致),X 为 30,Y 为 30,单击 OK 执行重采样。

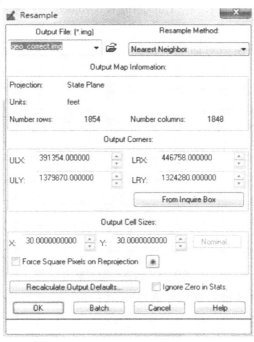

图 3-36　影像重采样对话框

6. 保存几何纠正模型

单击关闭几何纠正界面,会提示是否保存几何纠正模型。单击是(Y)可以将几何纠正模型保存为 gms 文件,以备以后使用。如不需要,单击否(N)即可。

7. 查看结果

完成后在视图窗口中打开查看结果。局部放大,并使用卷帘工具 ![Swipe] 查看纠正结果和参考影像匹配得是否良好。

(二)影响正射校正

[实训名称]

影像正射校正。

[实训目的]

掌握航片影像的正射校正。

[实训数据]

待纠正的数据:ps_napp.img

DEM 数据:ps_dem.img

GCC 数据:ps_camera.gcc

[实训内容]

1. 启动正射纠正模块

①打开需要纠正的影像 ps_napp.img,单击 Menu—Open—Raster Layer 或在 Viewer 中单击右键—Open Raster Layer…

②单击 Panchromatic 选项卡,在 Transform & Orthocorrect 标签组中单击 Control Points 图标。

③在打开的选择纠正模型对话框中选择 Camera(相机模型),如图 3-37 所示,单击 OK 继续。

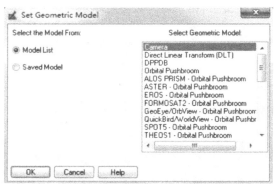

图 3-37　纠正模型对话框

④在弹出的选择 GCP 来源对话框中选择 GCP File(.gcc),单击 OK 并选择 ps_camera.gcc 文件。

2. 设置相机参数

①在弹出的相机模型属性对话框中,如图 3-38 所示,单击 General 选项卡,设置高程源(Elevation Source)为 File,选择 DEM 数据 ps_dem.img。

②设置像主点(Principal Point)坐标 X 为 -0.004,Y 为 0;镜头焦距(Focal Length)为 152.804,焦距单位(Units)为 Millimeters。

③勾选考虑地球曲率选项(Account for Earth's Curvature);设置迭代次数(Number of Iterations)为 5。单击 Apply 应用。

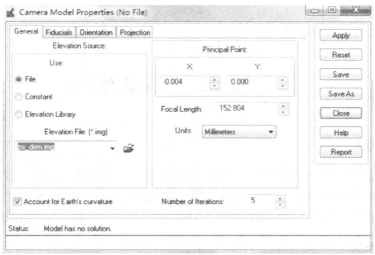

图 3-38 相机模型属性对话框

3. 设置内定向参数

①在相机模型属性对话框中,单击 Fiducials 选项卡,选择框标类型(Fiducial Type)为第一种,四个角点。

②定义框标位置(Viewer Fiducial Locator),单击 ⬜,激活框标输入状态。

③在正射校正窗口中拖放链接框到左上角框标点位置,并进行适当缩放,单击内定向窗口中的采点 ✪ 按钮,在放大窗口中采集第一个框标点。按照顺时针方向采集其他三个框标点。

④采集完之后,回到相机模型属性对话框中,在框标数据列表中输入四个点的已知影像坐标。

所有坐标都输入后,可以看到误差值,一般要小于 1,否则需要调整框标点。满足精度要求后单击 Apply 应用。

⑤单击 Orientation 选项卡查看,由于选择考虑地球曲率,这里无须设置。

4. 设置投影参数

单击 Projection 选项卡,可以看到投影参数,DEM 的投影已被直接读入,查看是否正确即可。单击 Close 关闭。

5. 影像重采样

在工具栏单击 Σ 按钮,系统会自动计算求解模型,计算 RMS、Residuals 及控制点 X、Y 的坐标误差。

单击工具栏中的 ⬜ 按钮,打开影像重采样对话框。

- 设置输出路径和文件名:Ortho_correct.img;
- 重采样方法(Resample Method):三次卷积(Cubic Convolution);
- 设置输出像元大小(Output Cell Sizes):X 为 4,Y 为 4;
- 单击 OK 执行。

6. 保存几何纠正模型

关闭正射纠正界面,会提示是否保存几何纠正模型:单击是(Y),可以将几何纠正模型保存为 gms 文件,以备下次使用。如不需要,单击否(N)即可。

7. 查看结果

完成后可在视图窗口中打开查看结果。

技能点 3　遥感图像镶嵌

一、任务导入

图像镶嵌是将具有地理参考的若干相邻图像拼接成一幅图像或一组图像,需要拼接的输入图像必须含有地图投影信息,或者说输入图像必须经过几何校正处理或进行过校正标定。所以输入的图像可以具有不同的投影类型、不同的像元大小,但必须具有相同的波段数。

二、知识学习

当研究区域超出单幅遥感图像所覆盖的范围时,通常需要将两幅或多幅图像具有地理参考的互为邻接(时相往往可能不同)的遥感数字图像合并成一幅统一的新(数字)图像,这个过程就叫遥感图像镶嵌(Mosaic Image),也叫遥感图像拼接。在进行图像镶嵌时,需要确定一幅参考图像,参考图像将作为输出镶嵌图像的基准,决定镶嵌图像的对比度匹配以及输出图像的地图投影、像素大小和数据类型。制作好一幅总体上比较均衡的镶嵌图像,一般要经历以下工作过程:

①准备工作。首先要根据研究对象和专业要求,挑选数据合适的遥感图像。其次在镶嵌时,应尽可能选择成像时间和成像条件接近的遥感图像,以减轻后续的色调调整工作。

②预处理工作。主要包括辐射校正和几何校正。

③确定实施方案。首先确定参考像幅,一般位于研究区中央,其次确定镶嵌顺序,即以参考像幅为中心,由中央向四周逐步进行。

④重叠区确定。遥感图像镶嵌工作的进行主要是基于相邻图像的重叠区。无论是色调调整、几何拼接,都是以重叠区作为基准进行的。

⑤色调调整。不同时相或者成像条件存在差异的图像,由于总体色调不一样,图像的亮度差异比较大,若不进行色调调整,镶嵌后的图像即使几何位置很精确,也会由于色调不同,而不能够很好地满足应用要求。

⑥图像镶嵌。在重叠区已经确定和色调调整完毕后,即可对相邻图像进行镶嵌。遥感图像镶嵌常见的有多波段镶嵌和剪切线镶嵌两种方式。

1. 多波段镶嵌

对于彩色图像,应从红绿蓝三个波段分别进行灰度的调整;对于多个波段的图像文件,应一一对应地对多个波段进行灰度调整。灰度调整的方法是进行交互式的图像拉伸,进行图像直方图的规定化,或者进行更加复杂的类似变化。

2. 剪切线镶嵌

剪切线就是在镶嵌过程中,可以在相邻的两个图的重叠区域内,按照一定规则选择一条线作为两个图的镶嵌线。主要是为了改善接边差异太大的问题。例如,在相邻的两个图上如果有河流、道路,就可以画一个沿着河流或者道路的剪切线,这样图像拼接后就很难发现接边的缝隙,也可以选择 ERDAS 提供的几个预定义的线形。为了去除接缝处图像不一致的问题,还要对接缝处进行羽化处理,使剪切线变得模糊并融入图像中。

三、技能训练

[实训名称]

遥感图像多波段影像镶嵌。

[实训目的]

1. 理解图像拼接的含义,掌握图像镶嵌的基本要求。

2. 熟练掌握多波段遥感图像数据镶嵌的方法及操作流程。

[实训数据]

wasia1_mss.img,wasia2_mss.img 和 wasia3_tm.img

[实训内容]

实际工作中,如果几何校正的精度足够高,只需要经过色调调整之后就可以直接进行图像的镶嵌。下面以彩色卫星图像为例,经过色调调整后进行图像镶嵌。

1. 启动影像镶嵌工具

在 ERDAS 图标面板工具条中,单击 Raster|Mosaic|MosaicPro 打开 MosaicPro 视窗,如图 3-39 所示。

图 3-39　MosaicPro 视窗

2. 加载需要镶嵌的影像

在 Mosaic Tool 视窗菜单条中,单击 Edit|Add images,或者在工具条中单击 Add image 图标 打开 Add Images for Mosaic 对话框。

① 确定影像文件名为 wasia1_mss.img。

② 打开 Image Area Options 选项卡,如图 3-40 所示。

③ 选中 Compute Active Area 单选按钮(计算有效影像范围)。

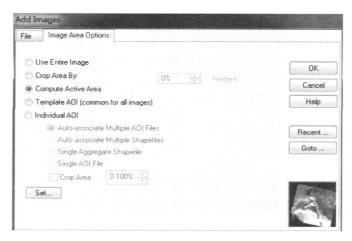

图 3-40 Add Images for Mosaic 对话框

④单击 Set 按钮,打开 Active Area Options 对话框。

⑤为了完全去除黑色背景,可将 Boundary Search Type 设置为 Edge,单击 OK,计算有效影像范围。

⑥重复前面几步,加载影像 wasia2_mss.img 和 wasia3_mss.img,加载影像后的界面,如图 3-41 所示。

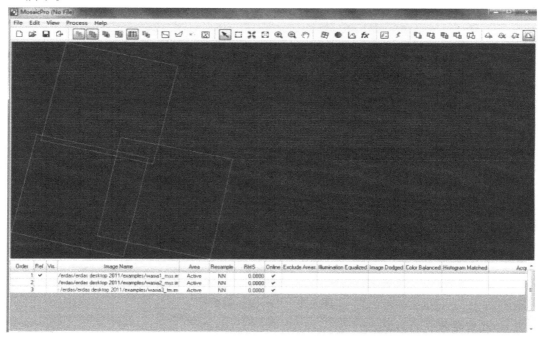

图 3-41 影像加载后界面

⑦在影像列表(Image List)中显示了加载的影像信息。如果影像列表中没有在 MosaicPro 视窗底部自动显示,单击 Edit |Show Image Lists 命令。在影像列表中单击每一幅影像的可视属性列 Vis。

⑧单击 View |Show Raster 命令或者单击工具条中的 图标,影像显示在窗口中。

3. 绘制和编辑镶嵌多边形

在 Mosaic 工具条中单击图标，打开 Seamline Generation Options 对话框，如图 3-42 所示。

图 3-42　Seamline Generation Options 对话框

选中 Weighted Seamline 单选按钮，单击 OK 按钮。单击图标，可以放大镶嵌线区域。单击图标，可以绘制和编辑镶嵌线，在要保留的影像范围内点击鼠标绘制。

4. 影像色彩调整

在 MosaicPro 菜单中单击 Edit | Color Corrections 命令，或者在 MosaicPro 工具条中单击图标，打开 Color Corrections 对话框，如图 3-43 所示。

图 3-43　Color Corrections 对话框

选中 Use Color Balancing 复选框，单击右侧的 Set 按钮，打开 Set Balancing Method 对话框，如图 3-44 所示。

选中 Manual Color Manipulation 单选按钮，单击右侧的 Set 按钮，打开 Mosaic Color Balancing 窗口，单击 Reset Center Point 按钮，选中 Per Image 单选按钮，选择表面方法（Surface Method）为 Linear，单击 Compute Current 按钮，单击 Preview 按钮，再单击 Accept 按钮，接受设置的参数。

通过上面的图标、选择影像，重复前面几步，对另外两幅影像进行色彩调整。

单击 Close 按钮，接受上述调整，单击 OK 按钮（关闭 Set Color Balancing Method 对话框）。

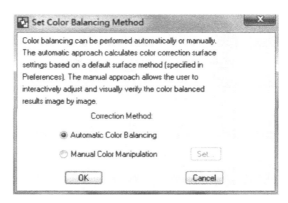

图 3-44　Set Balancing Method 对话框

5. 直方图匹配

在 Color Corrections 对话框中选中 Use Histogram Matching 复选框，单击右侧的 Set 按钮，打开 Histogram Matching 对话框，如图 3-45 所示。

- 选中匹配的方法（Matching Method）：Overlap Areas
- 选择直方图类型（Histogram Type）：Band by Band
- 单击 OK 按钮（关闭 Histogram Matching 对话框）
- 单击 OK 按钮（关闭 Color Corrections 对话框）

6. 预览镶嵌影像

在 MosaicPro 工具条中单击图标 ，选择要预览的区域。单击 Process | Preview Mosaic for Window 命令。当任务达到 100% 时，单击 Close（关闭进度状态对话框），预览镶嵌影像，预览结束后，单击 Process | Delete the Preview Mosaic Window 命令。

7. 设置镶嵌线功能

在 Mosaic 工具条中单击图标 *fx*，打开 Set Seamline Function 对话框，如图 3-46 所示。

图 3-45　Histogram Matching 对话框

图 3-46　Set Seamline Function 对话框

- 选中 No Smoothing 单选按钮，表示不进行平滑处理，选中 Smoothing 单选按钮，则进行平滑处理。
- 距离（Distance）是以 m 为单位来测量的。

- 选中 Feathering 单选按钮。
- 设置距离(Distance)为 5.000 000,这个距离单位是地图单位(map units)。
- 单击 OK 按钮(关闭 Set Seamline Function)。

8. 定义输出影像

在 MosaicPro 工具条中单击图标,打开 Output Image Options 对话框,如图 3-47 所示。

图 3-47　Output Image Options 对话框

选择定义地图区域输出(Define Output Map Areas)的方法为 Union of All Inputs,单击 OK 按钮(关闭 Output Image Options 对话框)。

9. 运行镶嵌功能

在 MosaicPro 菜单条中单击 Process| Run Mosaic 命令,打开 Output File Name 对话框,单击 Output Options 标签,进入 Output Options 选项卡,如图 3-48 所示。

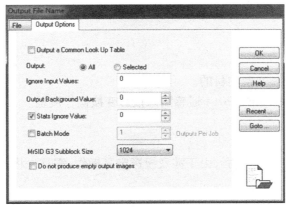

图 3-48　Output File Name 对话框

- 确定输出影像区域为 All。
- 忽略输入影像值(Ignore Input Values)为 0。

- 输出影像背景值(Output Background Value)为 0。
- 选中 Stats Ignore Value 复选框,设置统计时忽略值为 0 的区域。
- 单击 OK 按钮(关闭 Output File Name 对话框,运行影像镶嵌)。

10. 显示镶嵌结果

在 ERDAS IMAGINE 中,加载镶嵌后的影像。

技能点 4　图像重投影变换

一、任务导入

图像重投影变换是指将图像文件从一种地图投影类型转换到另一种投影类型,与图像几何校正过程中的投影变换相比,这种直接的投影变换可以避免多项式近似值的拟合,对于大范围图像的地理参考是非常有意义的。

二、知识学习

一个地物在不同的图像上位置一致,才可以进行融合处理、图像镶嵌、动态变化监测。对于同一地区的不同时间的遥感图像,不能把它们归纳到同一个坐标系中,图像中还存在变形,对这样的图像是不能进行融合、镶嵌和比较的,因此几何校正前必须先进行投影变换。

图像投影变换是将一种地图投影点的坐标变换为另一种地图投影点的坐标的过程。比如,有一幅图像是兰伯特投影,但我国使用的是高斯克里格投影方式,这时需要把图像转换成高斯克里格投影。有时有多幅图像,每幅图像的投影方式都不一样,因此无法对图像做叠加的相关处理,也无法拼接,此时就要以其中一幅图像的投影作为标准,把其他所有图像都转换到这一投影下,才能进行其他相关处理。

三、技能训练

[实训名称]

遥感图像投影变换。

[实训目的]

1. 掌握遥感图像投影变换的目的。

2. 掌握 ERDAS IMAGEING 2014 遥感图像投影变换操作流程。

[实训数据]

lanier. img

注:本练习的数据已自带投影,由于涉及投影定义操作,需首先将投影信息删除。

[实训内容]

1. 删除投影信息

某些情况下,获取的数据、投影信息不正确或者被损坏,需要重新定义投影,这时就需要先删除投影信息。

打开需要纠正的影像 lanier. img,单击 Menu—Open—Raster Layer 或在 Viewer 中单击右

键—Open Raster Layer…

单击 Home 选项卡下 Layer Info 图标,打开 ImageInfo 窗口,可以看到影像的投影信息。单击 Edit 菜单下的 Delete Map Model,在弹出的确认对话框中单击 Yes,即可删除投影信息。

2.定义投影信息

①单击 Edit 菜单下的 Change Map Model…,在弹出的对话框(图3-49)中定义参数。
- 左上角 X 坐标:233085.0,左上角 Y 坐标:3807070.0
- 像元大小:30,30
- 投影类型:UTM
- 单位:Meters
- 在弹出的确认对话框中单击 Yes

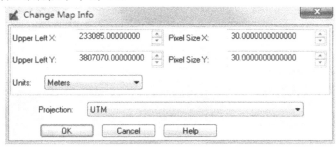

图3-49　Change Map Info 对话框

②单击 Edit 菜单下的 Add/Change Projection…,在弹出的对话框中(图3-50)定义参数:
- Projection Type:UTM
- Spheroid Name:Clarke 1866
- Datum Name:Clarke 1866
- UTM Zone:17
- NORTH or SOUTH:North

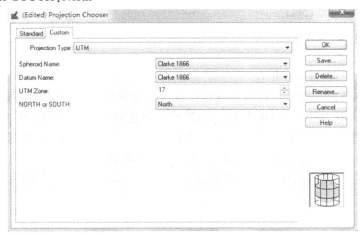

图3-50　Projection Chooser 对话框

单击 OK 完成,在弹出的确认对话框中单击 Yes。完成了投影信息定义,重新打开一次数据,查看它的 ImageInfo,可以看到修改好的投影信息。

3. 影像重投影

①打开重投影对话框,如图 3-51 所示,单击 Raster 选项卡,在 Geometry 标签组中单击 Reproject 图标或者在打开影像的情况下单击 Multispectral 选项卡,在 Transform & Orthocorrect 标签组中单击 Transform & Ortho 图标,在下拉菜单中单击 Reproject 图标。

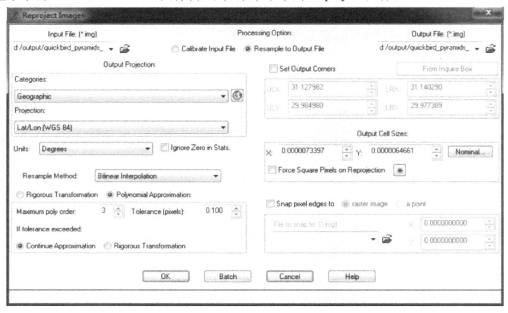

图 3-51　重投影设置对话框

②在弹出的重投影对话框中设置输入数据、输出数据,单击修改投影属性图标,打开投影设置对话框。

定义投影参数:
- Projection Type:UTM
- Spheroid Name:WGS84
- Datum Name:WGS84
- UTM Zone:25
- NORTH or SOUTH:South

单击 Save,在弹出的对话框中设置投影保存的分类和名称。本实训以 NewProjection 命名保存在默认分类 ARC 中,单击 OK 继续。回到投影设置对话框中,单击 OK 完成。

③回到重投影操作对话框,设置单位为 Meters,像元大小为 30,30,重采样方法为最近邻法(Nearest Neighbor),其他值采用系统默认值。单击 OK 运行。

④完成后可在视图窗口中打开查看结果。

技能点 5　遥感图像裁剪

一、任务导入

实际工作中,我们经常会得到一幅覆盖范围较大的图像,而我们只需要其中一部分数据。为节约磁盘存储空间、减少数据处理时间,需要从原始的很大范围的整景影像中得到研究区的较小范围的遥感影像,这个过程就是遥感影像的裁剪。

二、知识学习

遥感影像的裁剪包括规则范围的裁剪和不规则范围的裁剪。规则范围的裁剪包括矩形、正方形等规则形状的遥感图像;不规则范围的裁剪包括不规则形状的遥感图像。

1. 规则分幅裁剪

规则分幅裁剪是指裁剪图像的边界范围是一个矩形,通过左上角和右下角两点的坐标就可以确定图像的裁剪位置。

2. 不规则分幅裁剪(8 分钟)

不规则分幅裁剪是指裁剪图像的边界范围是任意多边形,不通过左上角和右下角两点的坐标确定裁剪范围,而必须事先设置一个完整的闭合多边形区域,可以利用 AOI 工具创建裁剪多边形,然后利用分幅工具分割。

三、技能训练

[实训名称]

遥感图像分幅裁剪。

[实训目的]

1. 了解遥感影像裁剪的要求及 ERDAS 2014 遥感影像分幅裁剪方法和过程。

2. 理解规则分幅裁剪运用范围及意义,并能熟练运用 ERDAS 2014 软件进行图像规则分幅裁剪的工作流程。

3. 理解规则分幅裁剪运用范围及意义,并能熟练运用 ERDAS 2014 软件进行图像规则分幅裁剪的工作流程。

[实训数据]

lanier. img

[实训内容]

1. 规则分幅裁切

①打开裁切工具,单击 Raster 选项卡,在 Geometry 标签组中单击 Subset & Chip 图标,在下拉菜单中单击 Create Subset Image 图标。

②在弹出的 Subset 对话框中,如图 3-52 所示,设置输入数据 lanier. img,输出数据 Subset1. img。

③裁切范围设置有三种方法。

a. 手动输入影像中两角点或四角点的基于坐标或基于行列号的范围。

图 3-52　Subset 对话框

b. 在 View 窗口单击右键,选择 Inquire Box,打开查询框在影像中绘制一个矩形区域作为裁切范围,然后在 Subset 对话框中单击 From Inquire Box 即可。

c. 通过影像中绘制的规则 AOI 工具确定范围,单击 Drawing 选项卡,在 Insert Geometry 标签组中选择规则多边形(矩形、椭圆等),在影像中绘制希望裁切的区域,并保证其在被选中状态(四周有个方框)。

回到 Subset 对话框中,单击 AOI 按钮,在弹出的对话框中选择 Viewer(如果有保存的 AOI 文件则选 AOI File),单击 OK 继续。

④设置输出数据类型为 Unsigned 8 bit、Continuous。

⑤输出波段设置为 1∶7(可根据需要设置)。

⑥单击 OK 执行影像裁切。

2. 不规则分幅裁切

①加载数据,步骤同上。

②绘制不规则 AOI。

在视窗中打开需要裁切的影像,单击 Drawing 选项卡,在 Insert Geometry 标签组中选择任意多边形工具。

在影像中绘制希望裁切的区域,并保证其在被选中状态(四周有个方框)。

回到 Subset 对话框中,单击 AOI 按钮,在弹出的对话框中选择 Viewer(如果有保存的 AOI 文件则选 AOI File),单击 OK 继续。

③设置输出数据类型为 Unsigned 8 bit、Continuous,输出波段为 1∶7,单击 OK 执行影像裁切。

3. 批量标准分幅

使用标准分幅的坐标文件对覆盖范围很大的影像进行批量标准分幅裁切。

①单击 Raster 选项卡下 mosaic 中的 MosaicPro,单击 ➕ 加载影像。单击 ☰ 按钮,打开输出影像设置选项,如图 3-53 所示。

图 3-53 输出影像设置选项

②进行标准分幅,选择 Method 下拉条中的 ASCII Sheet File,选择标准分幅坐标文件进行分幅。坐标文件格式为文本,每条记录格式如下:

• 图幅号 X1 Y1 X2 Y2(中间以空格分隔,坐标值分别代表左下角、右上角坐标)

如:K45E001055 523456 4234567 528456 427456。

③单击后在弹出对话框进行如下选择:

North-up Orthoimage(2 Points Per Sheet),代表输入的文本包含两个角点,勾选 Sheet definition includes sheet name 选项,代表输入的文本包含图幅号。

④单击 OK,查看 Column Mapping 中对图幅号、坐标值解析是否正确,无误的话单击 OK,否则修改后面对应的 Input Field Number。再单击 OK 回到 Output Image Options 界面,单击 OK。

⑤最后运行镶嵌,单击 ✎ 按钮,设置输出文件路径和名称,如图 3-54 所示,单击 Output Options,将下面的 Batch mode 勾选,设定为 1 Output Per Job,单击 OK 进行并行批量处理。

⑥单击 OK 会自动计算分幅数据量,并进入 Batch 界面。然后单击 Submit,根据 CPU 线程设定并行数量,单击 OK 执行。

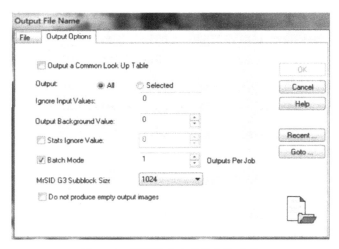

图 3-54 设置输出文件路径和名称

习题 3

一、简答题

1. 什么是图像的采样和量化？
2. 什么是图像直方图？直方图在遥感图像分析中的意义是什么？
3. 遥感图像几何变形误差的主要来源和类型有哪些？
4. 简述遥感图像几何校正的一般过程。
5. 什么是遥感图像的镶嵌？
6. 什么是图像重采样？重采样的方法有哪些？比较各方法优缺点。

二、实践练习

1. 完成遥感影像的显示与输入。
2. 完成遥感图像几何校正。
3. 完成遥感图像投影变换。
4. 完成遥感图像镶嵌。
5. 完成遥感图像裁剪。

考核评价

考核评价表

专业班级		姓名	
实训地点		学号	
实训项目			
实训时间	_____年_____月_____日星期_____第____至____节		
实训目的			
实训内容及步骤	（可另附页）		
实训体会与总结	（可另附页）		
实训要点	知识：1.掌握遥感图像的特征 　　　2.掌握遥感图像几何校正的方法 　　　3.掌握遥感图像裁剪与镶嵌的方法 技能：1.能正确安装 ERDAS IMAGING2014 软件 　　　2.能应用 ERDAS IMAGING 软件对遥感图像进行几何校正、镶嵌与裁剪 素质：1.具有自主学习、分析问题、解决问题的能力 　　　2.诚信独立完成工作任务		
实训成绩	优秀□　　良好□　　中等□　　及格□　　不及格□ 　　　　　　　　　　　签名：_____ 　　　　　　　　　　　_____年_____月_____日		

模块 4

遥感图像的增强

知识目标：

(1) 了解遥感图像增强的目的及分类。

(2) 掌握遥感图像的光谱增强方法、空间增强方法和辐射增强方法。

技能目标：

(1) 掌握 erdas2014 软件完成遥感图像的光谱增强的工作过程。

(2) 掌握 erdas2014 软件完成遥感图像的空间增强的工作过程。

(3) 掌握 erdas2014 软件完成遥感图像的辐射增强的工作过程。

素质目标：

(1) 培养分析问题、解决问题的能力。

(2) 培养良好的劳动纪律观念，爱护仪器设备。

(3) 培养严谨认真、团结协作的意识。

模块导入：

图像增强是数字图像处理最基本的方法之一。图像增强是为了突出相关的专题信息，提高图像的辨识度和视觉效果。图像增强不以图像保真为原则，也不能增加原始图像的信息，而是通过增强处理有选择地突出某些人或机器感兴趣的信息，弱化一些无用的信息，以提高图像的使用价值，使分析者能更容易地识别图像内容，从图像中提取更有用的定量化信息。

图像增强的方法很多，如图 4-1 所示。

模块 4 遥感图像的增强

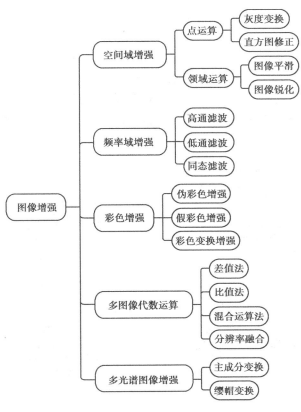

图 4-1 图像增强方法

知识点 遥感图像增强

遥感图像增强是指为特定目的,突出遥感图像中的某些信息,削弱或除去某些不需要的信息,使图像更易判读的过程。图像增强的实质是提高图像质量和突出所需信息,从而有利于分析判读或进一步处理。

图像增强有空间域增强、频率域增强、彩色增强、多图像代数运算、多光谱图像增强等方法。

一、空间域增强

空间域是指图像平面所在的二维平面,空间域增强是指在图像平面上直接针对每个像元点进行处理,处理后的像元位置不变,它包括点运算和邻域运算。点运算又称为对比度增强、对比度拉伸或灰度变换,是辐射增强的主要方法,一般包括直方图变换、线性变换和非线性变换。邻域运算强调像元与其相邻像元的关系,可以有目的地突出图像上的某些特征(如边缘或线性地物),也可以有目的地去除或弱化某些特征(如图像在获取和传输过程中产生的各种噪声),主要包括图像平滑和图像锐化等方法。

(一)点运算

输出像元的灰度值仅与相应位置上输入像元的灰度值相关的运算称为点运算,也称为辐射增强。点运算主要以图像的灰度直方图作为分析处理的基础,根据直方图的形态可大致推断图像质量的好坏。一般来说,如果直方图的轮廓线越接近正态分布,说明图像的灰度越接近随机分布,图像的反差适中;如果直方图峰值位置偏向某一边,则图像灰度反差较小,对比度较低,如图4-2所示。

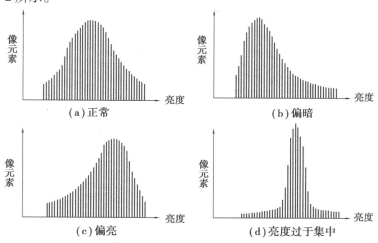

图4-2 灰度直方图

1. 线性变换

根据线性或者分段线性变换函数对像元灰度值进行变换,增大图像的动态范围,提高图像的对比度,使图像变得清晰、特征变得更加明显,这种变换称为线性变换。

$$g(i,j) = a \times f(i,j) + b \tag{4-1}$$

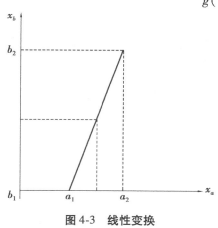

图4-3 线性变换

线性变换是根据直线方程按比例扩大原始灰度级的范围,以充分利用显示设备的动态范围,使变换后图像的直方图两端达到饱和。

一般情况下,当线性变换时,变换前图像的亮度范围 x_a 为 $a_1 \sim a_2$,变换后图像的亮度范围 x_b 为 $b_1 \sim b_2$,变换关系是直线,如图4-3所示。

在实际工作中,为了更好地调节图像的对比度,经常采用分段线性变换的方法。在图像的灰度范围内取几个间断点,每相邻的两间断点之间采用线性变换,每段的直线方程不同,当系数 $a>1$ 时,图像的灰度范围扩展,对比度增强;$a=1$ 时,灰度范围不变;$a<1$ 时,图像灰度范围变小,图像灰度值压缩。分段线性变换如图4-4所示。

从图中可以看出,第一、三段为压缩,第二段为拉伸,线性拉伸前后图像变化如图4-5所示。

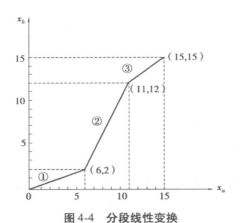

图 4-4 分段线性变换

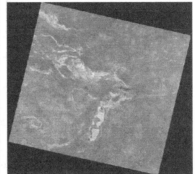

(a) 原始图像　　(b) 线性拉伸后图像

图 4-5 线性拉伸前后图像变化

2. 非线性变换

如果变换函数是非线性的,即为非线性变换,如图 4.6 所示。常用的非线性函数有指数函数、对数函数等。

指数变换主要用于增强图像中高亮度值部分,扩大灰度值间隔,进行拉伸;而对于低亮度值部分,缩小灰度间隔,进行压缩。与指数变换相反,对数变换主要用于拉伸图像中低亮度值部分,而在高亮度值部分进行压缩。

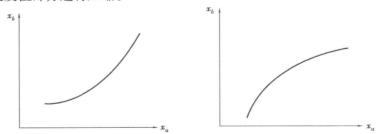

图 4-6 非线性变换

3. 直方图均衡化

直方图均衡化处理的"中心思想"是将随机分布的图像直方图修改成均匀分布的直方图,直方图均衡化就是对图像进行非线性拉伸,重新分配图像像元值,使一定灰度范围内的像元数量大致相同,如图 4-7、图 4-8 所示。

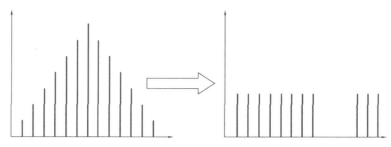

图 4-7 直方图均衡化

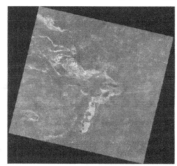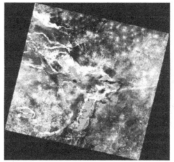

图 4-8 直方图均衡化后效果图

4. 直方图规定化

直方图规定化是指使一幅图像的直方图变成规定形状的直方图而对图像进行变换的增强方法。规定的直方图可以是一幅参考图像的直方图,通过变换,使两幅图像的亮度变化规律尽可能地接近;规定的直方图也可以是特定函数形式的直方图,从而使变换后图像的亮度变化尽可能地服从这种函数分布。

(二)邻域运算

邻域运算是指以重点突出图像上的某些特征为目的采用空间域中的邻域处理方法。属于几何增强处理,主要包括平滑和锐化。

邻域运算通常采用的方法是卷积运算,就是在空间域上对图像进行邻域检测的运算。选定一个卷积函数,又称为"模板",实际上是一个 $M×N$ 的小图像,如 3×3、5×7 等。图像的卷积运算是运用模板来实现的,从图像的左上角开始,将一个给定大小的模板,逐行逐列依次放在图像的每一个像元位置上,计算两者之间对应各点的乘积并求和,以和数作为中心像元的输出值,从而产生新的图像,如图 4-9 所示。

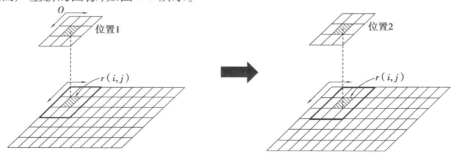

图 4-9 空间邻域运算图

1. 图像平滑

图像在获取和传输的过程中,由于传感器的误差及大气的影响,会在图像上产生一些亮点("噪声"点),或者图像中出现亮度变化过大的区域,为了抑制噪声改善图像质量或减少变化幅度,使亮度变化平缓所做的处理称为图像平滑。图形平滑的主要方法是均值平滑和中值滤波。

1)均值平滑

均等的对待邻域中的每个像元,对于每个像元在以它为中心的邻域内取平均值,作为该像元新的灰度值,以达到去除"尖锐"噪声和平滑图像的目的。但均值平滑在消除噪声的同时,使图像中的一些细节变得模糊,如图 4-10 所示。常用的有 4-邻域、8-邻域。均值平滑是将每个像元在以其为中心的邻域内取平均值来代替该像元值,计算公式为

$$R(i,j) = \frac{1}{MN} \sum_{i=0}^{m} \sum_{i=0}^{n} \phi(m,n) \tag{4-2}$$

具体计算时常用 3×3、5×5、7×7 的模板,取所有模板系数为 1,或中心像元的系数为 0,其他系数为 1 作卷积运算。常见 3×3 的模板为:

$$t(m,n) = \begin{bmatrix} 1 & 1 & 1 \\ 1 & 1 & 1 \\ 1 & 1 & 1 \end{bmatrix} \quad 或者 \quad t(m,n) = \begin{bmatrix} 1 & 1 & 1 \\ 1 & 0 & 1 \\ 1 & 1 & 1 \end{bmatrix} \tag{4-3}$$

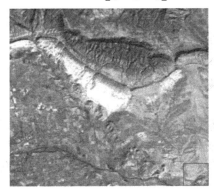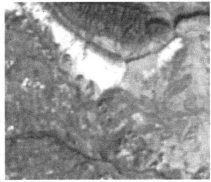

图 4-10 均值平滑后图像变化

2)中值滤波

中值滤波是将每个像元在以其为中心的邻域内取中间灰度值来代替该像元值,以达到消除尖锐"噪声"的目的。具体计算方法与模板卷积方法类似,仍采用活动窗口的扫描方法,取值时,将窗口内的所有像元按灰度值大小排序,取中间灰度值作为中心像元的灰度值,所以,模板 $M \times N$ 取奇数为好。中值滤波的特点是在消除"噪声"的同时,还能保持图像中的细节部分,防止图像边缘模糊,如图 4-11 所示。

一般来说,图像亮度为阶梯状变化时,均值平滑效果比中值滤波要明显得多;而对于突出亮点的"噪声"干扰,从去"噪声"后对原图的保留程度来看取中值要优于均值平滑。

2. 图像锐化

为了突出边缘和轮廓、线状目标信息,可以采取锐化的方法。锐化可使图像上边缘与线性目标的反差提高,因此也称为边缘增强。平滑通过积分过程使得图像边缘模糊,图像锐化则通过微分使图像边缘突出、清晰。图像锐化的方法很多,有罗伯特梯度、索伯尔梯度、拉普

拉斯算子、定向检测等方法。

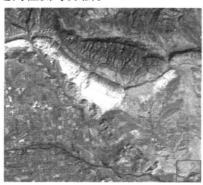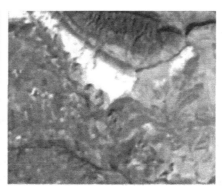

图 4-11　中值滤波后图像变化

二、频率域增强

频率域增强方法首先将空间域图像 $f(x,y)$ 通过傅里叶变换为频率域图像 $F(u,v)$，然后选择合适的滤波器 $H(u,v)$ 对 $F(u,v)$ 的频谱成分进行增强，得到图像 $G(u,v)$，再经过傅里叶逆变换将 $G(u,v)$ 变换回空间域，得到增强后的图像 $g(x,y)$。

（一）傅里叶变换

傅里叶变换是建立空间域与频率域之间转换关系的一种数学变换。为了便于理解，可将傅里叶变换比作一个玻璃棱镜，棱镜可以将光分解为不同成分，每个成分的颜色由波长（或频率）来决定。傅里叶变换则可以看作数学上的棱镜，它将函数分解为不同的频率成分，使我们通过频率成分来分析一个函数。

在图像处理中，傅里叶正变换可以理解为将图像的灰度分布函数变换为图像的频率分布函数，傅里叶逆变换则将图像的频率分布函数变换为灰度分布函数。通过傅里叶变换，可以从不同角度理解图像信息，把空间域中的问题转换到频率域进行分析，有助于简化图像处理问题。

（二）频率域增强

图像的频域增强可以对图像进行全局增强。频域增强技术是在数字图像的频率域空间对图像进行滤波，因此需要将图像从空间域变换到频率域。频率域增强包括频率域平滑、频率域锐化及同态滤波。

1. 频率域平滑

任何一幅原始图像，在其获取和传输等过程中，会受到各种噪声的干扰，导致图像质量下降，特征淹没，对图像分析不利。为了抑制噪声、改善图像质量所进行的处理称作图像平滑或去噪。

图像平滑是对图像作低通滤波。低通滤波就是把频率低的波留下，把频率高的波过滤掉。低频对应的图像中变化不明显的部分，于是，图像就变得非常模糊。这在图像处理中也叫平滑滤波。

2. 频率域锐化

图像的边缘、细节主要位于高频部分,而图像的模糊是由于高频部分比较弱产生的。频率域锐化就是为了消除模糊、突出边缘。因此通常采用高通滤波器让高频成分通过,使低频成分削弱,再经傅里叶逆变换得到边缘锐化的图像。

3. 同态滤波

若物体受到的照度明暗不均时,图像上对应照度暗的部分,其细节就较难辨别。同态滤波的目的是消除不均匀照度的影响而又不损失图像细节。

三、彩色增强

人眼对灰度级别的分辨能力是很有限的,至多 20 级左右,但对彩色差异的分辨能力却要高得多。因而,我们可以使用不同的彩色和色调的变化来代替图像黑白灰度级别的变化,以达到突出图像信息空间分布的目的。假彩色合成、假彩色密度分割技术的使用,都提高了图像信息识别的效果。

不同的彩色变换可大大增强图像的可读性,常用的三种彩色变换方法有单波段彩色变换、多波段彩色变换和 HSI 变换。

(一)单波段彩色变换

单波段黑白遥感图像可按亮度分层,对每层赋予不同的色彩,使之成为一幅彩色图像。这种方法又叫密度分割,即按图像的密度进行分层,每一层所包含的亮度值范围可以不同,如图 4-12 所示。例如,亮度 0~10 为第一层,赋给值 1,亮度值 11~15 为第二层,赋给值 2,亮度 6~30 为第三层,赋给值 3 等,再给 1,2,3 分别赋不同的颜色,于是生成一幅彩色图像。由于色彩的复制是任意的,与真实地物颜色无关,因此也称为伪彩色。

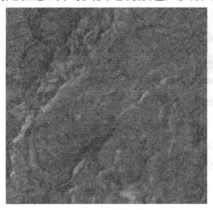
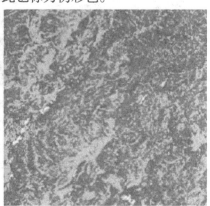

(a)原始图像   (b)伪彩色增强

图 4-12 单波段彩色变换

对于遥感影像而言,将黑白单波段影像赋上彩色总是有一定目的的,如果分层方案与地物光谱差异对应得好,可以区分出地物的类别。例如,在红外波段,水体的吸收很强,在图像上表现为接近黑色,这时若取低亮度值为分割点并以某种颜色表现则可以分离出水体;同理,砂地反射率高,取较高亮度为分割点,可以从亮区以彩色分离出砂地。因此,只要掌握地物光谱的特点,就可以获得较好的地物类别图像。当地物光谱的规律性在某一影像上表现不太明显时,也可以简单地对每一层亮度值赋色,以得到色彩影像,相较一般黑白影像的目视效果也会更好。

(二)多波段彩色变换

利用计算机将同一地区不同波段的图像存放在不同通道的存储器中并依照彩色合成原理,分别对各通道的图像进行单基色变换,在彩色屏幕上进行叠置,从而构成彩色合成图像。多波段彩色变换有真彩色合成与假彩色合成。

根据彩色合成原理,可选择同一目标的单个多光谱数据合成一幅彩色图像,当合成图像的红绿蓝三色与三个多光谱段相吻合,这幅图像就再现了地物的彩色原理,称为真彩色合成。

根据加色法彩色合成原理,选择遥感影像的某三个波段,分别赋予红、绿、蓝三种原色,就可以合成彩色影像。由于原色的选择与原来遥感波段所代表的真实颜色不同,因此生成的合成色不是地物真实的颜色,因此这种合成叫作假彩色合成。

将近红外波段、红波段、绿波段分别赋予红、绿、蓝通道,形成标准假彩色图像,如图4-13所示。

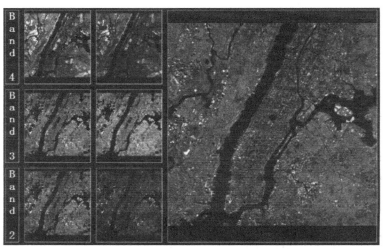

图4-13　标准假彩色合成

假彩色增强以不同于真实地物色彩的方式显示图像,其目的是使目标地物呈现奇异的彩色从而引人注目,或者使景物呈现出与人眼色觉相匹配的颜色,以突出图像中目标地物的特征,提高目标的分辨力。假彩色增强的一个重要应用是增强多光谱遥感图像。

(三)HSI变换

HSI代表色度(也称色调)、饱和度和强度(hue,satuwation,intensity)的色彩模式。这种模式可以用近似的颜色立体来定量化。如图4-14所示,颜色立体曲线锥形改成上下两个六面金字塔状。环绕垂直轴的圆周代表色度(H),以红色为0°,逆时针旋转,每隔60°改变一种颜色并且数值增加1,一周360°刚好6种颜色,顺序为红、黄、绿、青、蓝、品红。垂直轴代表强度(I),取黑色为0,白色为1,中间为0.5,从垂直轴向外沿水平面的发散半径代表饱和度(S),与垂直轴相交处为0,最大饱和度为1,根据这一定义,对于黑白色或灰色,即色度H无定义,饱和度S=0,当色调处于最大饱和度时S=1,这时I=0.5。

HSI 模式更接近于人类的视觉系统，便于人类对图像颜色特性进行处理。色度是色彩彼此相互区别的特性。由颜色的平均波长或主要光波长决定（如红、绿、蓝等）。饱和度是彩色光所呈现颜色的深浅（如大红、梅红等）。饱和度越高，颜色越纯，看起来越鲜艳；饱和度越低，颜色越浅。强度是光作用于人眼所引起的明暗程度的感觉，与物体的反射率成正比。

将彩色图像经过 HSI 变换，获得 H、S、I 分量后，可根据需要对各分量进行增强，得到增强后的彩色图像。如对 H 进行调节，可改变图像的气氛、换色或去色；对 I 分量调节，可改变彩色图像的亮度；对 S 分量进行调节，可改变彩色图像的颜色鲜明程度。

将 RGB 色彩空间变换为 HSI 色彩空间称为 HSI 正变换，HSI 色彩空间变换到 RGB 色彩空间称为 HSI 逆变换。HSI 变换常用于遥感图像融合处理中。

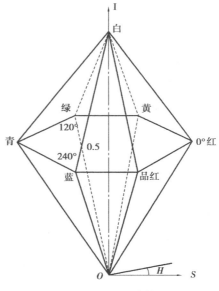

图 4-14　HSI 变换

四、多图像代数运算

两幅或多幅单波段影像，完成空间配准后，通过一系列运算，可以实现图像增强，达到提取某些信息或去掉某些不必要信息的目的。生成的新图像可以提高图像的显示质量或增强场景中的特征，如图 4-15 所示。具体运算包括加法运算、差值运算、比值运算、复合指数运算等。

1. 加法运算

加法运算指两幅同样大小的图像对应像元的灰度值相加，主要用于对同一区域的多幅图像求平均，可以有效减少图像的加性随机噪声。

$$f_c(x,y) = a[f_1(x,y) + f_2(x,y)] \tag{4-4}$$

正数 a 用以确保像元的值在显示设备的动态范围之内。

通过加法运算可以加宽波段，如绿色波段和红色波段图像相加可以得到近似全色图像；而绿色波段、红色波段和红外波段图像相加可以得到全色红外图像。

2. 减法运算

减法运算是指两幅同样大小的图像对应像元的灰度值相减。差值图像提供了不同波段或不同时相图像间的差异信息，能用在动态监测、运动目标检测与跟踪、图像背景消除及目标识别等工作中。

$$f_D(x,y) = a\{[f_1(x,y) - f_2(x,y)] + b\} \tag{4-5}$$

找到绝对值最大的负值 $-b$，给每个像元的值都加上这个绝对值 b，使所有像元的值都为非负数。

减法运算主要用于两个不同波段的图像或者不同时相同一波段的图像。当用于两个不同波段的图像时，减法运算可以增加不同地物间光谱反射率以及在两个波段上变化趋势相反时的反差。而当两个不同时相同一波段图像相减时，可以提取地面目标的变化信息。

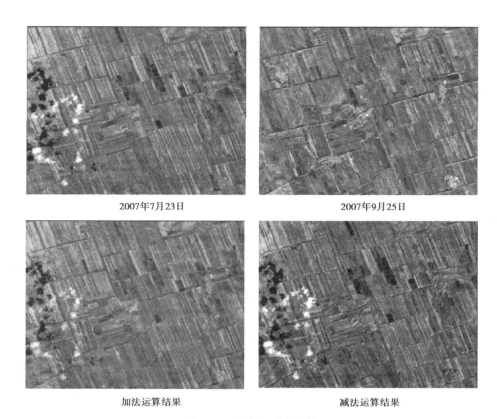

图 4-15　图像加减法运算

3. 乘法运算

乘法运算是指大小相同的两幅图像对应像元灰度值相乘。利用乘法运算可以实现图像中感兴趣区域的提取,结果与加法运算类似。

$$f_G(x,y) = af_1(x,y)f_2(x,y) \tag{4-6}$$

4. 比值运算

比值运算是指两个不同波段的图像对应像元的灰度值相除(除数不能为 0),相除以后若出现小数则必须取整,并乘以正数 a 将其值调整到显示设备的动态范围之内。

$$f_E(x,y) = \text{Integer}\left[a\frac{f_1(x,y)}{f_2(x,y)}\right] \tag{4-7}$$

遥感图像在获取时,由于地形起伏以及太阳斜射地面等因素的影响,在不同的地形部位,如阳坡和阴坡的辐射量有很大的不同,在图像上形成亮度差异,即同物异谱现象。比值算法能去除地形坡度和方向引起的辐射量变化,在一定程度上消除同物异谱现象。

5. 植被指数

绿色植物叶子的细胞结构在近红外具有高反射,其叶绿素在红光波段具有强吸收。因此在多光谱影像中,用红外/红波段图像做比值运算,在比值图像上植被区域具有高亮度值,甚至在绿色生物量很高时达到饱和,从而提取植被信息。

1)比值植被指数(Ratio Vegetation Index,RVI)

$$\text{RVI} = \frac{\text{NIR}}{\text{R}} \tag{4-8}$$

NIR 是近红外波段的反射率,R 是红光波段的反射率。对于浓密植物反射的红光辐射很小,RVI 将无限增长。

该指数可以反映植被在可见光、近红外波段反射与土壤背景之间差异的指标,在一定条件下能用来定量说明植被的生长状况。绿色健康植被覆盖地区 RVI 远大于1,而无植被覆盖的地面(裸土、人工建筑、水体、植被枯死或严重虫害处)的 RVI 在 1 附近。植被的 RVI 通常大于2;RVI 是绿色植物的灵敏指示参数,与 LAI、叶干生物量(DM)、叶绿素含量相关性高,可用于检测和估算植物生物量;植被覆盖度影响 RVI,当植被覆盖度较高时,RVI 对植被十分敏感;当植被覆盖度<50% 时,这种敏感性显著降低;RVI 受大气条件影响,大气效应大大降低对植被检测的灵敏度,所以在计算前需要进行大气校正,或用反射率计算 RVI。

2)差值植被指数(Difference Vegetation Index,DVI)

$$DVI = IR - R \tag{4-9}$$

DVI 对土壤背景的变化较 RVI 敏感,植被覆盖度高时,对植被的灵敏度有所下降。因此,在退耕还林(草)后期植被覆盖度有很大提高时对天然林的监测效果可能不大,但对退耕还林(草)初期可能有效。相反,RVI 对高植被覆盖度地区的监测比 DVI 敏感,适合退耕还林草后期或天然林的监测。

3)归一化差值植被指数(Normalized Difference Vegetation Index,NDVI)

$$NDVI = \frac{NIR - R}{NIR + R} \tag{4-10}$$

NDVI 值的范围为-1~1,负值表示地面覆盖为云、水、雪等,对可见光高度反射;0 表示有岩石或裸土等,NIR 和 R 近似相等;正值,表示有植被覆盖,且随覆盖度增大而增大。NDVI 可以检测植被生长状态、植被覆盖度和消除部分辐射误差等,但本质是 NIR 和 R 的非线性拉伸。在高植被区(LAI 值很高,植被茂密时),NDVI 灵敏度较低,远不如 RVI 增加的速率。NDVI 能反映出植物冠层的背景影响,如土壤、潮湿地面、枯叶、粗糙度等,且与植被覆盖有关。总的来说,NDVI 对绿色植物敏感,与植物分布密度呈线性关系,是植物生长状况和空间分布密度的最佳指标,但在低植被覆盖区存在扩大和在高植被区存在压缩的情况。

4)正交植被指数(Perpendicular Vegetation Index,PVI)

$$PVI = ((SR - VR)2 + (SNIR - VNIR)2)1/2 \tag{4-11}$$

S 是土壤反射率,V 是植被反射率。PVI 较好地消除了土壤背景的影响,对大气的敏感度小于其他指数。

不同植被指数如图 4-16 所示。

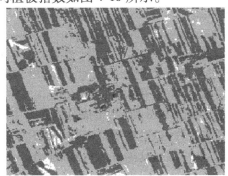
RVI

DVI

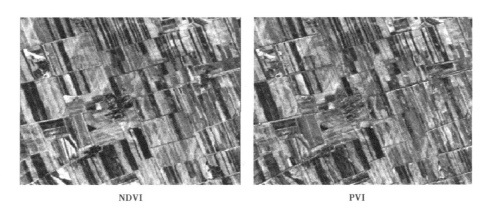

图 4-16 植被指数

五、多光谱图像增强

(一) 主成分变换(K-L 变换)

多光谱变换通过函数变换,达到保留主要信息、降低数据量,增强或提取有用信息的目的。其变换的本质在于对遥感图像实行线性变换,使多光谱空间的坐标系按一定规律进行旋转。

主成分变换是一个多维空间到另一正交多维空间的变换,即多波段图像的线性变换。变换后的坐标系与变化前的坐标系相比旋转了一个角度,如图 4-17 所示。

$$Y = AX \tag{4-12}$$

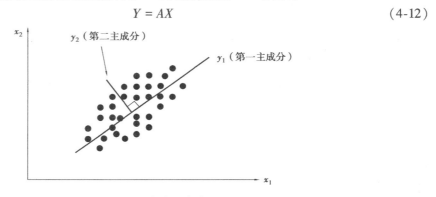

图 4-17 主成分变换

原始数据为二维数据,两个分量 x_1、x_2 之间存在相关性,具有如图所示的分布。通过投影,各数据可以表示为 y_1 轴上的一维点数据。从二维空间中的数据变成一维空间中的数据会产生信息损失,为了使信息损失最小,必须按照使一维数据的信息量(方差)最大的原则确定 y_1 轴的取向,新轴 y_1 称作第一主成分。为了进一步汇集剩余的信息,可求出与第一轴 y_1 正交、且尽可能多地汇集剩余信息的第二轴 y_2,新轴 y_2 称作第二主成分。

主成分变换主要应用在数据压缩与图像增强。如图 4-18 所示,主成分中第一主分量或前两个或前三个主分量已包含该幅图像中的绝大多数地物信息;在图像增强中前几个主分量信息多且信噪比大,噪声少,最后分量几乎全是噪声,去掉最后分量可达到去噪目的。

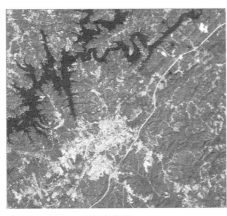 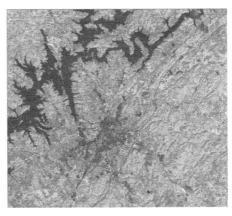

变化前　　　　　　　　　　　　　　变换后

图 4-18　主成分变换效果

(二) 缨帽变换(K-T 变换)

缨帽变换也是一种坐标空间发生旋转的线性变换,不同的是变换后的坐标轴不是指向主成分方向,而是指向与地面景物有密切关系的方向,特别是与植物生长过程和土壤有关。这种变换既可以实现信息压缩,又可以帮助解译分析农业特征,因此有很大的实际应用意义。目前对这个变换的研究主要集中在 MSS 与 TM 两种遥感数据的应用分析方面。

$$Y = CX + a \tag{4-13}$$

缨帽变换仅适用于 TM 图像 1~5、7 波段的线性变换;且线性变换矩阵为 6×6 的常数矩阵,而且是经验矩阵,变换后依然得到 6 个图像。其中:第一个图像反映亮度特征,是原图像亮度的加权和;第二个图像表示绿度,反映绿色生物量特征;第三个图像表示湿度,反映土壤的湿度特征;其余三个分量与地物特征没有明确的对应关系。缨帽变换效果如图 4-19 所示。

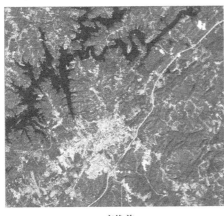 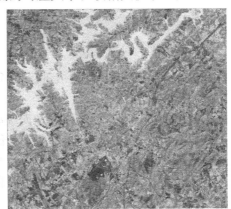

变换前　　　　　　　　　　　　　　变换后

图 4-19　缨帽变换效果

六、遥感图像融合

(一) 遥感图像融合概念

1. 数据融合

数据融合是指同一区域内遥感数据之间或遥感数据与非遥感数据之间的匹配融合。

2. 多种遥感数据源信息融合

多种遥感数据源信息融合是指利用多种对地观测技术所获取的关于同一地物的不同遥感数据,通过一定的数据处理技术提取各遥感数据源的有用信息,最后将其融合到统一的空间坐标系(图像或特征空间)中进行综合判读或进一步的解析处理。

3. 图像融合

图像融合是指一个对多遥感器的图像数据和其他信息的处理过程。着重于把那些在空间和实践上冗余或互补的多源数据,按照一定的规则进行运算处理,获得一组更精确、更丰富的新数据,生成一幅具有新的空间、波谱、时间特征的合成图像。

遥感数据的融合主要指不同传感器的遥感数据的融合以及不同时相的遥感数据的融合。融合方式的确定应根据目标空间分布、光谱反射特性及时相规律方面的特征选择不同的遥感图像数据,他们在空间分辨率、光谱分辨率和时间分辨率方面相互补充,以形成一个更有矛盾的识别环境,来识别所要识别的目标或类型。

遥感是以不同空间、时间、波谱、辐射分辨率提供电磁波谱不同谱段的数据。由于成像原理不同和技术条件的限制,任何一个单一的遥感器获取的遥感数据都不能全面反映目标对象的特征,各自都有一定的应用范围和局限性。

如果将多种不同特征的数据,包括遥感数据和非遥感数据结合起来,相互取长补短,发挥各自的优势,弥补各自的不足,可以更全面地反映地面的目标,提供更强的信息解译能力和更可靠的分析结果。这样不仅扩大了各数据的应用范围,而且提高了分析精度、应用效果和实用价值。

(二) 遥感图像融合的层次

遥感图像融合可在三个不同层次进行,分别是像素层、特征层和决策层。

1. 基于像素的图像融合

像素级融合是一种低水平的融合,像元级融合首先要对遥感影像数据进行预处理,再进行数据融合,包括特征提取及判断识别。基于像素的图像融合必须解决以几何纠正为基础的空间匹配问题,包括像元坐标转换、像元重采样、投影转换等。优点是基于最原始的数据,保留了尽可能多的原始信息,提供更多的细节信息,应用最为广泛。缺点是融合效率低下,由于处理的遥感图像数据量大,所以处理时间较长,实时性差,同时对传感器信息的配准精度要求也很高。

2. 基于特征的图像融合

特征级融合是指运用不同算法,首先对各种数据源进行目标识别的特征提取,如边缘提取、分类等,即先从初始图像中提取特征信息——空间结构信息如范围、形状、邻域、纹理等;然后对这些特征信息进行综合分析及融合处理。特征级融合是一种中等水平的融合。基于特征的图像融合强调特征之间的对应,并不突出像元的对应,在处理上避免了像元重采样等方面的组合,因为它对特征属性的判断具有更高的可信度和准确性。但是不是基于原始图像数据而是特征,则在特征提取过程中不可避免地会出现信息的部分丢失,并难以提供细节信息。

3. 基于决策层的图像融合

决策级融合是指在图像理解和图像识别基础上的融合,是做高水平的融合,是经"特征提取"和"特征识别"后的融合。融合的结果直接面向应用、为决策支持提供服务。基于决策层的图像融合先经特征提取和一些辅助信息的参与,再对有价值的复合数据运用判别规则、决策规则加以判断、识别、分类,然后在一个更抽象的层次上,将这些有价值的信息进行融合,从而获得综合的决策结果,提高识别的解译能力,更好理解目标,有效地反映地学过程。决策级融合具有很强的容错性和很好的开放性,处理时间短、数据要求低、分析能力强,但对图像预处理、特征提取与特征识别有较高要求,所以决策级融合的代价较高。

(三)遥感图像融合方法

遥感图像融合的方法有 Brovey 变换融合、HSI 变换融合、主成分变换融合及小波变换融合。

1. Brovey 变换融合

Brovey 变换融合又称色彩标准化变换融合,是较为简单的融合方法,由美国科学家 R. L. Brovey 建立模型并推广而得名。它先将多光谱图像的色彩进行归一化处理,再乘以全色影像的灰度值,从而完成融合。它是将多光谱图像的像元分解为色彩和亮度,其特点是简化了图像转换过程,又保留了多光谱数据的信息,同时提高了融合图像的视觉效果;缺点是存在一定的光谱扭曲,且没有解决光谱范围不一致的全色影像和多光谱影像融合的问题。Brovey 变换融合的结果最明显的特点就是色调丰富,几乎完整保持了原始影像的色调信息。其对于山地、水体、植被一类地物表现非常明显,建筑区内城区色调相比较暗,但绿地反映明显。

2. HSI 变换融合

在色度学上,用色度(Hue)、饱和度(Saturation)和强度(Intensity)作为颜色表示系统,称为 HSI 系统。其中强度是光作用在人眼所引起的明亮程度的感觉,与物体的反射率成正比;色度代表颜色纯的程度,指该种颜色的平均波长或主要光波长;饱和度则是彩色光所呈现颜色的深浅。HSI 编码的优点是能把强度和颜色分开。H、S 相对 I 而言对分辨率要求较低,这为在保持最多信息的条件下将不同分辨率的遥感影像数据进行融合提供了可能的途径。

利用 HSI 变换进行影像融合的原理,就是用另一影像替代 HSI 的三个分量中的某一分量,其中强度分量被代替最为常用。当高分辨率全色影像及多光谱影像融合时,先把多光谱影像利用 HSI 变换从 RGB 系统变换至 HSI 空间;同时将单波段的高分辨率图像经过灰度拉伸,使其灰度的均值与方差和 HSI 空间中亮度分量图像一致;然后将拉伸过的高分辨率图像作为新的亮度图像带入到 HSI,经过反变换还原到原始空间。这样获得的图像既有高的空间分辨率,又有与原图像相同的色度和饱和度。

HSI 变换融合是影像融合最常用的一种方法(图4-20),融合影像保留了绝大部分的高空间分辨率影像的信息,使得其分辨率接近高空间分辨影像,同时也保留了多光谱影像的光谱特征,提高了影像的判读、识别、分类能力,特别有利于视觉理解。然而,由于不同波段数据的不同光谱特征曲线,HSI方法扭曲了原始的光谱特征,产生了光谱退化现象;同时,HSI方法只能同时对多光谱影像的3个波段进行融合。

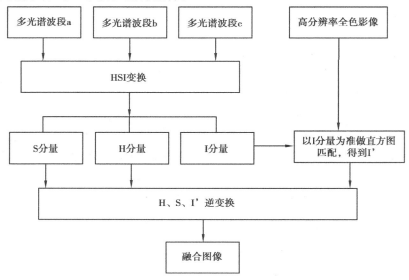

图 4-20 HSI 变换融合方法

3. 主成分变换(PCA)融合

主成分变换,也称主成分分析,是着眼于变量之间的相互关系,用几个综合性指标汇集多个变量的测量值而进行描述的方法,是一种最小均方误差意义上的最优正交变换。对于多光谱影像,由于各个波段的数据间存在相关情况很多,通过采用主成分分析就可以把现有图像中所含的大部分信息用假想的少数波段表示出来,也可以说减少了光谱维数。主成分变换主要针对超过三个波段的影像融合,可以接受三个以上波段的多光谱数据和高分辨率数据进行变换,从而将各个波段的纹理信息分离出来。

主成分变换在数学上是将矩阵展开分解为其协方差矩阵的特征向量的加权;对于图像而言主成分变换是图像按照特征向量将其特征空间分解为多元空间。经过 PCA 变换可将噪声向量剔除掉,保证融合图像信息度良好。主成分变换显著优点是将庞杂的多波段数据用尽可能少的波段表达出来,而且数据信息量几乎没有损失,从而达到数据压缩的目的。

主成分变换融合是将 N 个波段低分辨率图像进行主成分变换,将单波段的高分辨率图像经过灰度拉伸,使其灰度的均值及方差同主成分变换的第一分量图像一致;然后以拉伸过的高分辨率图像代替第一分量图像,经过主成分逆变换还原到原始空间,如图 4-21 所示。

主成分变换融合的优势是经过融合的图像包含了原始图像的高空间分辨率及高光谱分辨率特征,保留了原图像的高频信息。融合图像上目标的细部特征更加清晰,光谱信息更加丰富。主成分变化较 HSI 变换融合能够更多地保留多光谱影像的光谱特征,同时也克服了 HSI 变换融合只能同时对 3 个波段的影像进行融合的局限性,可以对 3 个以上的多光谱图像进行融合。但也有一定的局限性,图像在做主成分分析时,第一分量的信息表达的是原各波段中信息的共同变换部分,其与高分辨率图像中细节变化的含义略有不同,高分辨率图像经过拉伸后虽然与第一分量具有高相似性,但融合后的图像在空间分辨率和光谱分辨率上会有所变换;光谱信息的变化仍然存在,使融合图像不便用于地物识别和反演工作,但是它可以改进目视判读的效果,提高分类制图的精度。

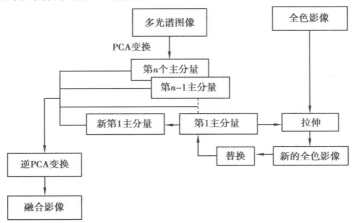

图 4-21　主成分变换融合方法

4. 小波变换

小波变换具有变焦性、信息保持性和小波基选择的灵活性等优点。经小波变换可将图像分解为一些具有不同空间分辨率、频率特性和方向特性的子信号(图像)。它的分频特征,相当于高、低双频滤波,能够将信号分解为低频信息(图像)和高频细节/纹理信息(图像),同时又不失原信号所包含的信息。因而可以用于以非线性的对数映射方式融合不同类型的图像数据,使融合后的图像既保留原高分辨率遥感影像的结构信息,又融合多光谱影像丰富的光谱信息,提高影像的解译能力、分类精度。小波变换能实现对数据的无损压缩和图像的完全重构,即由小波变换分解的各频带信号,可经过小波反变换重构"原"图像。

(四)遥感图像融合效果评价

对于遥感图像融合,针对同一对象不同的融合方法可以得到不同的融合结果,即可得到不同的融合图像。如何准确地评价融合效果是遥感图像融合的一个重要组成部分,可以通过融合评价指标来衡量。融合评价有定性评价和定量评价。

1. 定性评价

定性评价采用目视评估的方法,即主观评定法。它是由判读人员直接对图像的质量进行评估,具有简单、直观的优点,对明显的图像信息可以进行快捷、方便的评价,在一些特定应用中是十分可行的。例如,它可以用于判断融合图像是否配准,如果配准不好,图像会出现重影;通过直接比较图像差异判断光谱是否扭曲和空间信息的传递性能以及是否丢失重要的信息;判断融合图像纹理及色彩是否一致,融合图像整体色彩是否与天然色彩保持一致;判断融合图像整体亮度、反差是否合适,是否有蒙雾或马赛克等现象出现以及判断融合图像的清晰度是否降低、图像边缘是否清楚等。所以主观评定法是最简单、最常用的方法,通过对图像上的田地边界、道路、居民的轮廓、机场跑道边缘的比较,可直观地得到图像在空间分解力、清晰度等方面的差异,且由于人眼对色彩具有强烈的感知能力,使得其对光谱特征的评价是任何其他方法所无法比拟的。这种方法的主观性较强,人眼对融合图像的感觉很大程度上决定了遥感图像的质量。

2. 定量评价

定量评价一般通过多种统计分析方法来评判融合图像的质量,如用熵和联合熵来评定其信息量的大小;用梯度和平均梯度来评定融合图像的清晰度;计算图像偏移、逼真度、影像的方差和相关等作为图像质量的数学评定标准等。

①基于信息量的评定。熵是衡量信息丰富程度的一个重要指标,一般可选用对融合前后图像求熵和联合熵的方法,来计算信息量的大小。熵越大,图像所含的信息越丰富,图像的质量越好。

②基于清晰度的评价。影像清晰度是指影像的边界或线状地物两侧附近灰度有明显差异,即灰度变化率大,这种变化率的大小可用梯度和平均梯度来度量,它反映图像微小细节反差变化的速率,即图像多维方向上密度变化的速率,表征图像的相对清晰程度。

③基于逼真度的评价。逼真度是指被评价图像与标准图像的偏离程度,这里是图像的改善程度。计算值越大,表示图像改善越大,融合效果越好。这与逼真的原始含义(即与标准图像越接近越好)刚好相反。

(五)融合方法对比

表 4-1　融合方法对比

融合方法	适用范围
Brovey 变换	多光谱图相关的方空间分解为色彩和亮度成分进行计算,锐化影像的同时能够保持原多光谱信息内容,保留每个像素的相关光谱特性,并且将所有的亮度信息变换成高分辨率的全色图像融合。但只能抽取和选择多光谱影像的三个波段参与变换,导致其他波段信息丢失,不利于影像信息的综合利用。
主成分(PCA)变换	无波段限制,可以融合多个多光谱波段,光谱保持好。但由于第一主成分信息高度集中,色调发生较大变化。
HSI 变换	可以提高影像的地物纹理特征,同时在色彩上,基本保持了多光谱影像色调,保留了高分辨率影像的信息。但光谱信息损失较大,一次只能选择 3 个波段而不能选择全部波段作为融合的数据,降低了遥感数据的利用率。
小波变换	信号分解重建过程不会产生信息的丢失和冗余,有效地增强多光谱图像的空间细节表现能力,保持图像融合前后的光谱特性。但融合图像的整体外观就像经过高通滤波的影像效果,颜色信息并未与空间特征自然地结合在一起,一些小目标波谱信息会丢失。

技能点 1　遥感图像空间增强

一、任务分析

图像的目视效果较差,对比度不够、图像模糊,边缘部分或线状地物不够突出,波段多数据量过大等。通过图像增强技术,改善图像质量、提高图像目视效果、突出所需要的信息、压缩图像数据量,有利于分析判读或作进一步的处理。

二、技能训练

[实训名称]

遥感图像空间增强

[实训目的]

通过上机操作,掌握遥感图像空间域增强的几种方法及过程,加深对遥感图像空间域增强的理解。

[实训数据]

lanier.img

[实训内容]

1. 卷积增强

卷积增强是将整个影像按像元分块进行平均处理,用于改变影像的空间频率特征。

卷积处理的关键是卷积算子—系数矩阵的选择。ERDAS 将常用的卷积算子放在一个名为 default.klb 的文件中,分别以 3×3、5×5、7×7 三组,每组又包括 edge Detect、edge enhance、low pass、Highpass、Horizontal、vertical、summary 七种不同的处理方式。

具体执行过程如下:

ERDAS 工具面板中,单击 Raster | Spatial | convolution,打开 Convolution 对话框(图 4-22)。

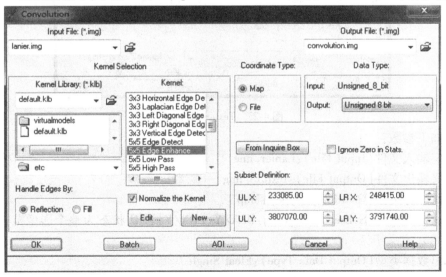

图 4-22 Convolution 对话框

并设置如下参数:

- 确定输入文件(Input File):Lanier.img
- 定义输出文件(Output File):convolution.img
- 选择卷积算子文件(Kernel Library):default.klb
- 卷积算子类型(Kernel):5×5 Edge Detect

- 边缘处理方法(Handle Edges by):Reflection
- 卷积归一化处理:Normalize the Kernel
- 文件坐标类型(Coordinate Type):Map
- 输出数据类型(Output Data Type):Unsigned 8 bit
- 单击 OK 按钮(关闭 Convolution 对话框,执行卷积增强处理)

2. 纹理分析

纹理分析是指通过在一定的窗口内进行二次变异分析或三次对称分析,使影像的纹理结构得到增强,具体过程如下:

在 ERDAS 图标面板工具条上,单击 Raster | Spatial | Texture,打开 Texture 对话框,见图4-23。

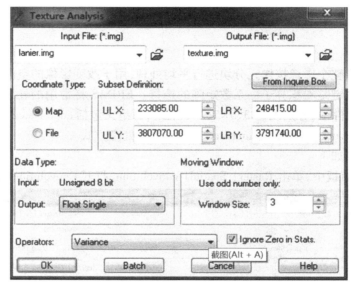

图 4-23 Texture 对话框

设置如下参数:
- 确定输入文件(Input File):Lanier.img
- 定义输出文件(Output File):texture.img
- 文件坐标类型(Coordinate Type):Map
- 处理范围确定(Subset Definition):ULX/Y、LRX/Y(默认状态为整个影像范围,可以应用 Inquire Box 定义子区)
- 输出数据类型(Output Data Type):Float Single
- 操作函数定义(Operators):Variance(方差)或 Skewness(偏度)
- 窗口大小确定(Window Size):3×3(或者 5×5 或 7×7)
- 输出数据统计时忽略零值:Ignore Zero in Stats
- 单击 OK 按钮(关闭 Texture 对话框,执行纹理分析)

这一分析方法的关键是确定 Window size 的定义操作函数 Operato。

原图与纹理分析后对比如图 4-24 所示。

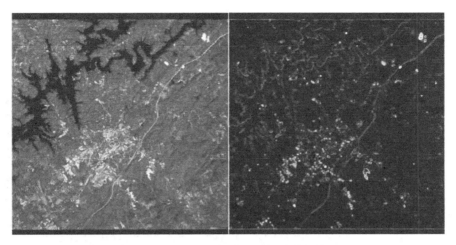

图 4-24　原图与纹理分析后对比

3. 锐化

锐化增强处理(Crisp Enhancement)实质上是通过对图像进行卷积滤波处理,使整景图像的亮度得到增强而不使其专题内容发生变化,从而达到图像增强的目的。根据其底层的处理过程,又可以分为两种方法:其一是根据定义的矩阵直接对图像进行卷积处理;其二是首先对图像进行主成分变换,并对第一主成分进行卷积滤波,然后再进行主成分逆变换。常用的锐化处理的方法有微分法、卷积处理、统计区分法、频率域高通滤波法等。

影像锐化能够增强影像中地物的边缘,具体过程如下:

在 ERDAS 图标面板工具条中,单击 Raster | Spatial | Crisp,打开 Crisp 对话框,如图 4-25 所示。

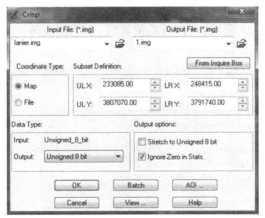

图 4-25　Crisp 对话框

设定输入和输出数据即可:

- 确定输入文件(Input File):lanier.img
- 定义输出文件(Output File):crisp.img
- 文件坐标类型(Coordinate Type):Map
- 处理范围确定(Subset Definition):在 ULX/Y、LRX/Y 微调框中输入需要的数值(默认状态为整个图像范围,可以应用 Inquire Box 定义子区)

- 输出数据类型(Output Data Type):Unsigned 8 bit
- 输出数据统计时忽略为零值,选中 Ignore Zero in Stats 复选框
- 单击 OK 按钮(关闭 Crisp 对话框,执行锐化增强处理)

原图与锐化后对比如图 4-26 所示。

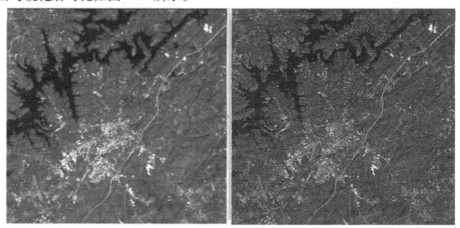

图 4-26　原图与锐化后对比

4. 聚焦分析

聚焦分析使用类似卷积滤波的方法对图像数值进行多种分析,基本算法是在所选窗口范围内,根据所定义函数,应用窗口范围内的像素数值计算窗口中心像素的值,达到增强的目的。输入文件名,输出数据类型选"Unsigned 8bit",聚集窗口大小为 5×5,调整窗口形状和大小,设置算法(Function)为"Median"。

在 ERDAS 面板上,选择"Raster"→"Spatial"→"Focal Analysis"打开 Focal Analysis(图像聚焦分析)对话框,如图 4-27 所示,可进行均值滤波、中值滤波等。

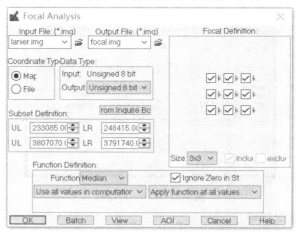

图 4-27　Focal Analysis 对话框

在 Focal Analysis 对话框中,需要设置下列参数:
- 确定输入文件(Input File):lanier.img
- 定义输出文件(Input File):focal.img

- 处理范围确定(Subset Definition):在 ULX/Y、LRX/Y 微调框中输入需要的数值(默认状态为整个图像范围,可以应用 Inquire Box 定义窗口)
- 输出数据类型(Output Data Type):Unsigned 8 bit
- 选择聚焦窗口(Focal Definition),包括窗口大小和形状
- 窗口大小(Size)为 3×3(或 5×5 或 7×7);窗口默认形状为矩形,可以调整为各种形状(如菱形)
- 聚焦函数定义(Function Definition),包括算法和应用范围
- 算法(Function):Median(或 Min/Sum/Mean/SD/Max)
- 应用范围包括输入图像中参与聚焦运算的数值范围(3 种选择)和输入图像中应用聚焦运算函数的数值范围(3 种选择)
- 输出数据统计时忽略为零值,选中 Ignore Zero in Stats 复选框
- 单击 OK 按钮(关闭 Focal Analysis 对话框,执行聚焦分析)

5. 自适应滤波

自适应滤波是应用 Wallis Adaptive Filter 方法对图像的感兴趣区域(AOI)进行对比度拉伸处理,从而达到图像增强的目的。其关键是移动窗口大小和乘积倍数大小的定义,移动窗口大小可以任意选择,如 5×5、3×3、7×7 等,请注意通常都设定为奇数;而乘积倍数大小是为了扩大图像反差或对比度,可以根据需要确定。

在 ERDAS 面板上,选择"Raster"→"Spatial"→"Adaptive Filter"命令,打开 Wallis Adaptive Filter(自适应滤波)对话框,如图 4-28 所示。

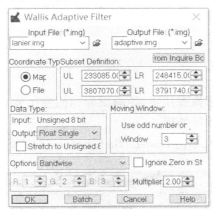

图 4-28 Wallis Adaptive Filter 对话框

在 Wallis Adapter Filter 对话框中,需要设置下列参数:
- 确定输入文件(Input File):lanier.img
- 定义输出文件(Output File):Adaptive.img
- 文件坐标类型(Coordinate Type):Map
- 处理范围确定(Subset Definition):在 ULX/Y、LRX/Y 微调框中输入需要的数值(默认状态为整个图像范围,可以应用 Inquire Box 定义窗口)
- 输出数据类型(Output Data Type):Unsigned 8 bit
- 移动窗口大小:3(表示 3×3)

- 输出文件选择(Option):Bandwise(逐个波段进行滤波)或 PC(仅对主成分变换后的第一主成分进行滤波)
- 乘积倍数定义(Multiplier):2(用于调整对比度);
- 输出数据统计时忽略为零值,选中 Ignore Zero in Stats 复选框;
- 单击 OK 按钮(关闭 Wallis Adapter Filter 对话框,执行自适应滤波)

技能点 2　遥感图形辐射增强

一、任务分析

辐射增强处理是对单个像元的灰度值进行变换达到影像增强的目的。方法有直方图均衡化、直方图匹配、亮度反转、去霾处理、降噪处理、去条带处理等。

二、技能训练

[实训名称]
遥感图像辐射增强处理
[实训目的]
通过上机操作,了解遥感图像辐射增强的过程与方法,加深对图像辐射增强处理的理解。
[实训数据]
软件自带数据
[实训内容]

1. 查找表拉伸

查找表拉伸是通过修改影像查找表,使输出影像值发生变化。通过定义,可实现线性拉伸、分段线性拉伸、非线性拉伸等处理。

在 ERDAD 面板工具条中,单击 Raster | Radiometric | LUT Stretch—打开 LUT stretch 对话框,如图 4-29 所示。

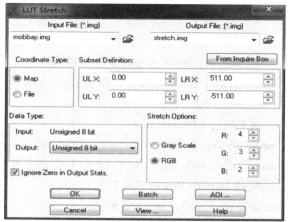

图 4-29　LUT stretch 对话框

在 LUT Stretch 对话框中,设置如下参数:
- 确定输入文件(Input File):mobbay.img
- 定义输出文件(Output File):stretch.img
- 文件坐标类型(Coordinate Type):Map
- 处理范围确定(Subset Definition):ULX/Y、LRX/Y(默认状态为整个影像范围,可以应用 Inquire Box 定义子区)
- 输出数据类型(Output Data Type):Unsigned 8 bit
- 确定拉伸选择(Stretch Options):RGB(多波段影像、红绿蓝)或 Gray Scale(单波段影像)
- 单击 OK 按钮(关闭 LUT Stretch 对话框,执行查找表拉伸处理)

2. 直方图均衡化

直方图均衡化处理实质上是对影像进行非线性拉伸,重新分配影像像元值,使一定灰度范围内的像元的数量大致相等。

在 ERDAS 图标面板工具条中,单击 Raster | Radiometric | Histogram Equalization—打开 Histogram Equalization 对话框,如图 4-30 所示。

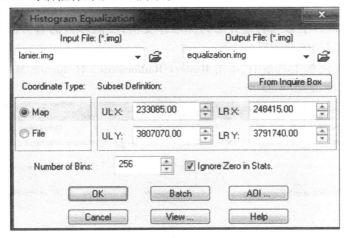

图 4-30 Histogram Equalization 对话框

设置参数如下:
- 确定输入文件(Input File):Laniner.img
- 定义输出文件(Output File):equalization.img
- 文件坐标类型(Coordinate Type):File
- 处理范围确定(Subset Definition):ULX/Y、LRX/Y(默认状态为整个影像范围,可以应用 Inquire Box 定义子区)
- 输出数据分段(Number of Bins):256(可以更小一些)
- 输出数据统计时忽略零值:Ignore Zero in Stats
- 单击 View 按钮,打开模型生成视窗(图略),浏览 Equalization 空间模型
- 单击 File | Close All 命令(退出模型生成器视窗)
- 单击 OK 按钮(关闭 Histogram Equalization 对话框,执行直方图均衡化处理)

原图与直方图均衡化后的对比如图 4-31 所示。

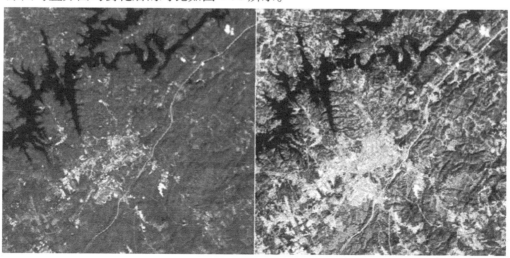

图 4-31　原图与直方图均衡化后的对比

3. 直方图匹配

将影像直方图以标准影像的直方图为标准作变换,使两影像的直方图相同或近似,从而使两幅影像具有类似的色调和反差。

在 ERDAS 图标面板工具条中,单击 Raster | Radiometric | Histogram Matching—打开 Histogram Matching 对话框,如图 4-32 所示。

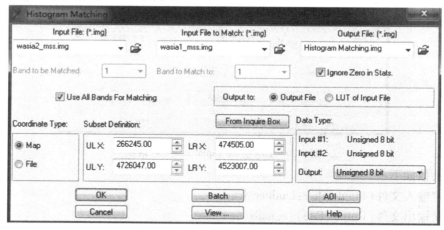

图 4-32　Histogram Matching 对话框

在 Histogram Matching 对话框中,需要设置下列参数:

- 输入匹配文件(Input File):wasial_mss.img
- 匹配参考文件(Input File to Match):wasia2_mss.img
- 匹配输出文件(Output File):wasia_match.img
- 选择匹配波段(Band to be Matched):1
- 匹配参考波段(Band to be Match):1(也可以对图像的所有波段进行匹配:Use ALL Bands for Matching)

- 文件坐标类型(Coordinate Type):File
- 处理范围确定(Subset Definition):在 ULX/Y、LRX/Y 微调框中输入需要的数值(默认状态为整个图像范围,可以应用 Inquire Box 定义子区)
- 输出数据统计时忽略零值,选中 Ignore Zero in Stats 复选框
- 输出数据类型(Output Data Type):Unsigned 8 bit
- 单击 View 按钮,打开模型生成器窗口(图略),浏览 Matching 空间模型
- 双击 Custom Table,进入查找表编辑状态(图略),根据需要修改查找表单击 File|Close ALL 命令(退出模型生成器窗口)
- 单击 OK 按钮(关闭 Histogram Matching 对话框,执行直方图匹配处理)

4. 降噪处理

降噪处理是利用自适应滤波方法去除图像中的噪声,该技术在沿着边缘或平坦区域去除噪声的同时,可以很好地保持图像中的一些微小的细节。

在 ERDAS 面板上,选择"Raster"→"Radiometric"→"Noise Reduction"打开 Noise Reduction(降噪处理)对话框,如图 4-33 所示。

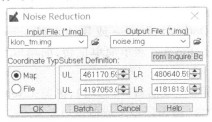

图 4-33 Noise Reduction 对话框

在 Noise Reduction 对话框中,需要设置下列参数:
- 确定输入文件(Input File):klon_tm.img
- 定义输出文件(Output File):noise.img
- 文件坐标类型(Coordinate Type):Map
- 处理范围确定(Subset Definition):在 ULX/Y、LRX/Y 微调框中输入需要的数值(默认状态为整个图像范围,可以应用 Inquire Box 定义子区)
- 处理方法选择(Landsat 5 TM 或 Landsat 4 TM)
- 单击 OK 按钮(关闭 Noise Reduction 对话框,执行降噪处理)

5. 亮度反转

亮度反转处理是对图像亮度范围进行线性或非线性取反,产生一幅与输入图像亮度相反的图像,原来亮的地方变暗,原来暗的地方变亮。其中包括两种反转算法:一种是条件反转;一种是简单反转。前者强调输入图像中亮度较暗的部分,后者则简单取反、同等对待。

在 ERDAS 面板上,选择"Raster"→"Radiometric"→"Brightness Inversion"命令,打开 Brightness Inversion(亮度反转处理)对话框,如图 4-34 所示。

在 Brightness Inversion 对话框中,需要设置下列参数:
- 确定输入文件(Input File):loplakebedsig357.img
- 定义输出文件(Output File):inversion.img
- 文件坐标类型(Coordinate Type):Map

图 4-34　Brightness Inversion 对话框

● 处理范围确定（Subset Definition）：在 ULX/Y、LRX/Y 微调框中输入需要的数值（默认状态为整个图像范围，可以应用 Inquire Box 定义子区）

● 输出数据类型（Output Data Type）：Unsigned 8 bit

● 输出数据统计时忽略零值，选中 Ignore Zero in Stats 复选框

● 输出变换选择（Output Options）：Inverse 或 Reverse（Inverse 表示条件反转，条件判断，强调输入图像中亮度较暗的部分；Reverse 表示简单反转，简单取反，输出图像与输入图像等量相反）

● 单击 View 按钮，打开模型生成器窗口（图略），浏览 Inverse/Reverse 空间模型

● 单击 File|Close ALL 命令（退出模型生成器窗口）

● 单击 OK 按钮（关闭 Brightness Inversion 对话框，执行亮度反转处理）

6．去霾处理

去霾处理的目的是降低多波段图像或全色图像的模糊度（霾）。对于多波段图像，该方法实质上是基于缨帽变换方法，首先对图像进行主成分变换，找出与模糊度相关的成分并剔除，然后再进行主成分逆变换回到 RGB 彩色空间，达到去霾的目的。对于全色图像，该方法采用点扩展卷积反转进行处理，并根据情况选择 5×5 或 3×3 的卷积算子分别用于高频模糊度或低频模糊度的去除。

在 ERDAS 面板上，选择"Raster"→"Radiometric"→"Haze Reduction"命令，打开 Haze Reduction（去霾处理）对话框（图 4-35）。

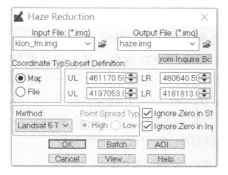

图 4-35　Haze Reduction 对话框

在 Haze Reduction 对话框中,需要设置下列参数:
- 确定输入文件(Input File):klon_tm.img
- 定义输出文件(Output File):haze.img
- 文件坐标类型(Coordinate Type):Map
- 处理范围确定(Subset Definition):在 ULX/Y、LRX/Y 微调框中输入需要的数值(默认状态为整个图像范围,可以应用 Inquire Box 定义子区)
- 处理方法选择(Landsat 5 TM 或 Landsat 4 TM)
- 单击 OK 按钮(关闭 Haze Reduction 对话框,执行去霾处理)

7. 去条带处理

去条带处理是针对 Land TM 的图像扫描特点对其原始数据进行 3 次卷积处理,以达到去除扫描条带的目的。

在 ERDAS 面板上,选择"Raster"→"Radiometric""Destripe TM Data"命令,打开 Destripe TM(去条带处理)对话框(图 4-36)。

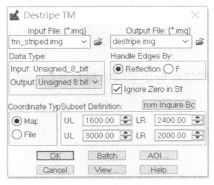

图 4-36 Destripe TM 对话框

在 Destripe TM 对话框中,需要设置下列参数:
- 确定输入文件(Input File):tm_striped.img
- 定义输出文件(Output File):destripe.img
- 输出数据类型(Output Data Type):Unsigned 8 bit
- 输出数据统计时忽略零值,选中 Ignore Zero in Stats 复选框
- 边缘处理方法(Handle Edges by):Reflection;
- 文件坐标类型(Coordinate Type):Map;
- 处理范围确定(Subset Definition):在 ULX/Y、LRX/Y 微调框中输入需要的数值(默认状态为整个图像范围,可以应用 Inquire Box 定义子区)
- 单击 OK 按钮(关闭 Destripe TM 对话框,执行去条带处理)

注意:Reflection(反射)是应用图像边缘灰度值的镜面反射值作为图像边缘以外的像元值,这样可以避免出现晕光;Fill(填充)是统一将图像边缘以外的像元以 0 值填充,呈黑色背景。

技能点3　遥感图像光谱增强

一、任务分析

光谱增强是基于多光谱数据对波段进行变换达到图像增强处理,采用一系列技术去改善图像的视觉效果,或将图像转换成一种更适合于人或机器进行分析处理的形式,有选择地突出对人或机器分析有意义的信息,抑制无用信息,提高图像的使用价值。

光谱增强处理的方法主要包括主成分变换处理、主成分逆变换处理、去相关拉伸、缨帽变换、色彩变换、色彩逆变换、自然色彩变换等。

二、技能训练

[实训名称]
遥感图像光谱增强处理
[实训目的]
通过上机操作,了解遥感图像辐射增强的过程与方法,加深对图像辐射增强处理的理解
[实训数据]
软件案例数据
[实训内容]
1. 主成分变换

主成分变换是一种常用的数据压缩方法,它可以将具有相关性的多波段数据压缩到完全独立的较少的几个波段上,便于影像分析与解译。主成分变换是建立在统计特征基础上的多维正交线性变换,是一种离散的 Karhunen-Loeve 变换,又叫 K-L 变换。

在 ERDAS 图标面标工具条中,单击 Raster | spectral | principal Components 打开 Principal Components 对话框,如图 4-37 所示。

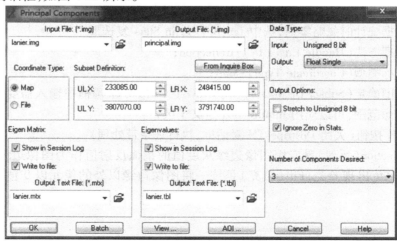

图 4-37　Principal Components 对话框

设置如下参数：
- 确定输入文件(Input File)：laniner.img
- 定义输出文件(Output File)：principal.img
- 文件坐标类型(Coordinate Type)：Map
- 处理范围确定(Subset Definition)：ULX/Y、LRX/Y(默认状态为整个影像范围，可以应用 Inquire Box 定义子区)
- 输出数据类型(Output Data Type)：Float Single
- 输出数据统计时忽略零值：Ignore Zero in Stats
- 特征矩阵输出设置(Eigen Matrix)
- 在运行日志中显示：Show in Session Log
- 写入特征数据文件：Write to file
- 特征矩阵文件名：lanier.tbl
- 需要的主成分数量(Number of Components Desired)：3
- 单击 OK 按钮(关闭 Principle Components 对话框，执行主成分变换)

图 4-38 为原始影像与主成分变换后效果的对比图。

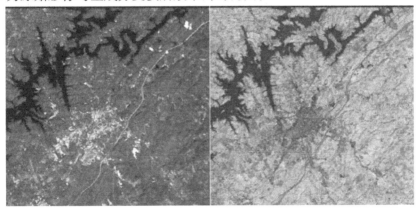

图 4-38　原始影像与主成分变换后效果的对比

2. 主成分逆变换

将经主成分变换获得的图像重新恢复到 RGB 彩色空间，应用时输入的图像必须是由主成分变换得到的图像，而且必须有当时的特征矩阵(*.mtx)参与变换。

在 ERDAS 面板上，选择"Raster"→"Spectral"→"Inverse Principal Components"命令，打开对话框（图 4-39）。

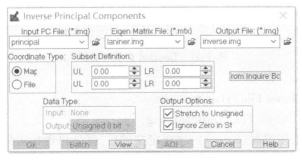

图 4-39　Inverse Principal Components 对话框

在 Inverse Principal Components 对话框中,需要设置下列参数:
- 确定输入文件(Input File):principal.img(经主成分变换的图像或成分被替换的图像)
- 确定特征矩阵(Eigen Matrix File):Lanier.mtx(正变换时生成的特征矩阵文件)
- 定义输出文件(Output File):inverse_pc.img
- 文件坐标类型(Coordinate Type):Map
- 处理范围确定(Subset Definition):在 ULX/Y、LRX/Y 微调框中输入需要的数值(默认状态为整个图像范围,可以应用 Inquire Box 定义子区)
- 输出数据选择(Output Options):若输出数据拉伸到 0~255,请选中 Stretch to Unsigned 8 bit 复选框
- 若输出数据统计时忽略零值,请选中 Ignore Zero in Stats 复选框
- 单击 OK 按钮(关闭 Inverse Principal Components 对话框,执行主成分逆变换)

3.缨帽变换

缨帽变换是针对植物学所关心的植被特征,对原始多波段影像数据进行空间旋转,获得具有物理意义的亮度、绿度、湿度等分量。

在 ERDAS 图标面板工具条中,单击 Raster| spectral | Tasseled Cap—打开 Tasseled Cap 对话框(图 4-40)。

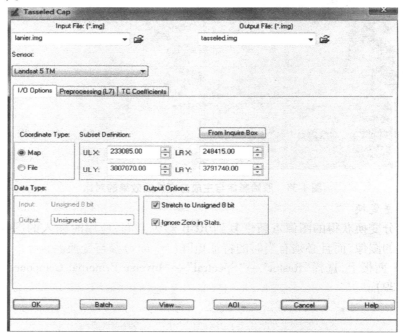

图 4-40 Tasseled Cap 对话框

设置下列参数:
- 确定输入文件(Input File):Laniner.img
- 定义输出文件(Output File):tasseled.img
- 确定影像获取的传感器(Sensor):当选定文件后,就会出现相应的传感器信息。如果没有出现传感器信息,则这个输入的文件不能做缨帽变换

- 文件坐标类型(Coordinate Type):Map
- 处理范围确定(Subset Definition):ULX/Y、LRX/Y(默认状态为整个影像范围,可以应用 Inquire Box 定义子区)
- 输出数据选择(Output Options):两项选择
- 输出数据拉伸到 0~255:Stretch to Unsigned 8 bit
- 输出数据统计时忽略零值:Ignore Zero in Stats
- 单击 OK 按钮(关闭 Tasseled Cap 对话框,执行缨帽变换)

图 4-41 为原始影像与缨帽变换后的比较图。

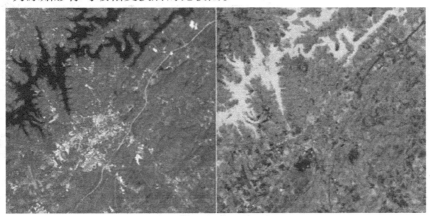

图 4-41　原始影像与缨帽变换后的比较

4. 色彩变换

色彩变换是将区域影像从 RGB 的彩色空间转换到 IHS 作为定位参数的彩色空间,以便达到增强图像的目的,使得影像的颜色与人眼看到的更为接近。

在 ERDAS 图标面板工具条中,单击 Raster | spectral | RGB to IHS 打开 RGB to IHS 对话框(图 4-42)。

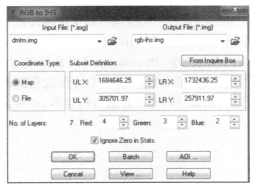

图 4-42　RGB to IHS 对话框

设置如下参数:
- 确定输入文件(Input File):dmtm.img
- 定义输出文件(Output File):rgb-ihs.img
- 文件坐标类型(Coordinate Type):Map

- 处理范围确定(Subset Definition):ULX/Y、LRX/Y(默认状态为整个影像范围,可以应用 Inquire Box 定义子区)
- 确定参与色彩变换的3个波段:Red—4,Green—3,Blue—2
- 输出数据统计时忽略零值:Ignore Zero in Stats
- 单击 OK 按钮(关闭 RGB to IHS 对话框,执行 RGB to IHS 变换)

图 4-43 为原始影像与色彩变换后影像的对比图。

图 4-43　原始影像与色彩变换后影像的对比图

技能点 4　遥感图像融合

一、任务分析

分辨率融合(Resolution Merge)是对不同空间分辨率遥感图像的融合处理,使处理后的遥感图像既具有较好的空间分辨率,又具有多光谱特征,从而达到图像增强的目的。图像分辨率融合的关键是融合前两幅图像的配准(Rectification)以及处理过程中融合方法(Method)的选择,只有将不同空间分辨率的图像精确地进行配准,才可能得到满意的融合效果;而对于融合方法的选择,则取决于被融合图像的特性以及融合的目的,同时,需要对融合方法的原理有正确的认识。

二、技能训练

[实训名称]

遥感图像融合

[实训目的]

1. 初步掌握遥感图像融合的方法。
2. 深入理解遥感图像融合的含义。
3. 掌握应用 ERDAS IMAGE 软件进行图像融合的技能。

[实训数据]

多光谱影像：spots.img；

全色高分辨率影像：dmtm.img。

[实训内容]

1. 主成分变换融合

主成分变换融合是建立在图像统计特征基础上的多维线性变换，具有方差信息浓缩、数据量压缩的作用，可以更确切地揭示多波段数据结构内部的遥感信息。常常是以高分辨率数据代替多波段数据变换以后的第一主成分来达到融合的目的。具体过程：首先是对输入的多波段数据进行主成分变换，然后以高分辨率遥感数据替代变换以后的第一主成分，再进行主成分逆变换，生成具有高分辨率的多波段融合图像。

选择 EDRAS 面板菜单"Raster"→"PanSharpen"→"Resolution Merge"命令，打开 Resolution Merge（图像融合）对话框（图 4-44）。

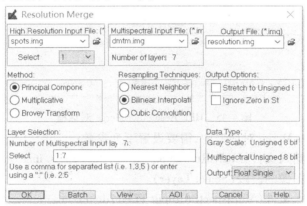

图 4-44　Resolution Merge 对话框

在 Resolution Merge 对话框中，需要设置下列参数：

- 确定高分辨率输入文件（High Resolution Input File）：spots.img
- 确定多光谱输入文件（Multispectral Input File）：dmtm.img
- 定义输出文件（Input File）：resolution.img
- 选择融合方法（Method）：Principle Component（主成分变换法）
- 选择重采样方法（Resampling Techniqtes）：Bilinear Interpolation
- 输出数据选择（Output Option）：Stretch Unsigned 8bit
- 输出波段选择（Layer Selection）：Select Layers　1：7
- 单击 OK 按钮（关闭 Resolution Merge 对话框，执行分辨率融合）

2. HPF 图像融合

HPF 图像融合是使用 HPF（High Pass Filtering，高通滤波）算法来实现遥感图像融合的方法。一般来说，一幅图像由不同频率的成分组成。根据图像频谱的概念，高的空间频率对应图像中灰度急剧变化的部分，而低的频率代表图像中灰度缓慢变化的部分。对于遥感图像来说，高频分量包含了图像的空间结构，低频分量则包含了图像的光谱信息。用高通滤波器算子提取出高空间分辨率全色图像的空间信息，然后采用像元相加的方法加到低空间分辨率的多光谱图像上，这样可以实现遥感图像融合。

在 ERDAS 面板上,选择"Raster"→"Pan Sharpen"→"HPF Resolution Merge"命令,打开 HPF Resolution Merge 对话框(图 4-45)。

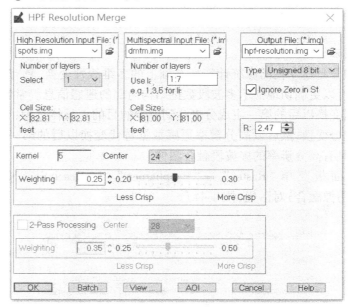

图 4-45　HPF Resolution Merge 对话框

在 HPF Resolution Merge 对话框中,需要设置下列参数:
- 确定高分辨率输入文件(High Resolution Input File):spots.img
- 选择高分辨率图像的波段(Select Layer)
- 确定多光谱输入文件(Multispectral Input File):dmtm.img
- 选择所使用的多光谱图像所含的波段(Number of layers):7(表示多光谱图像中包含 7 个波段)
- 定义输出文件(output File):hpf-Resolution.img
- 选择进行融合的多光谱图像的波段(Layer Selection)
- 选择输出文件的数据类型(Type)
- 选择多光谱图像与高光谱图像像元大小之比(R):R 值的大小会影响以下处理过程参数设置
- 设置高通滤波器的大小(Kernel size):这个参数取决于 R 值的设定
- 设置高通滤波处理的高空间分辨率在融合结果计算中所占权重(Weighting Factor):高权重使得融合结果锐化,低权重使得融合结果平滑
- 第二次高通滤波设置(2 Pass Processing):以下设置只有当 R 值大于或等于 5.5 时才有效
- 单击 OK 按钮(关闭 HPF Resolution Merge 对话框,执行分辨率融合)

3. 乘积变换融合

乘积变换融合是应用最基本的乘积组合算法直接对两个空间分辨率的遥感数据进行合成,即融合以后的波段数值等于多波段图像的任意一个波段数值乘以高分辨率遥感数据。

选择 EDRAS 面板菜单"Raster"→"Pan Sharpen"→"Resolution Merge"命令,打开 Resolution Merge(图像融合)对话框(图 4-46)。

模块4 遥感图像的增强

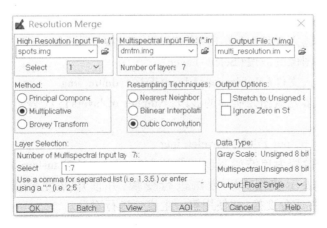

图 4-46　Resolution Merge 对话框

在 Resolution Merge 对话框中,需要设置下列参数:
- 确定高分辨率输入文件(High Resolution Input File):spots.img
- 确定多光谱输入文件(Multispectral Input File):dmtm.img
- 定义输出文件(Input File):resolution.img
- 选择融合方法(Method):Mutiplicative(乘积方法)
- 选择重采样方法(Resampling Techniques):Bilinear Interpolation
- 输出数据选择(Output Option):Stretch Unsigned 8bit
- 输出波段选择(Layer Selection):Select Layers:1:7
- 单击 OK 按钮(关闭 Resolution Merge 对话框,执行分辨率融合)

4. 小波变换

小波变换可以使图像的压缩、传输和分析更加快捷。小波变换基于一些小型波,具有小型波变化的频率和有限的持续时间。对于图像而言,小波变换就是将图像分解成频率域上各个频率上的子图像,以代表原始图像的各个特征分量,这种基于小波变化的图像融合可以根据不同的特征分量采用不同的融合方法以达到最佳的融合效果。

在 ERDAS 面板上,选择"Raster"→"Pan Sharpen"→"Wavelet Resolution Merge"命令,打开 Wavelet Resolution Merge 对话框(图 4-47)。

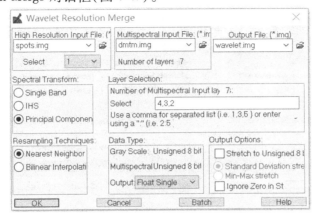

图 4-47　Wavelet Resolution Merge 对话框

在 Wavelet Resolution Merge 对话框中,需要设置下列参数:
- 确定高分辨率输入文件(High Resolution Input File):spots.img
- 选择高分辨率图像的波段(Select Layer)
- 确定多光谱输入文件(Multispectral Input File):dmtm.img
- 选择所使用的多光谱图像所含的波段(Number of layers):7(表示多光谱图像中包含7个波段)
- 定义输出文件(output File):Wavelet.img
- 选择多光谱图像变为单波段灰度图像的方法(Spectral Transform):Single Band 表示只选择一个波段,IHS 表示使用 IHS 方法进行变换,并使用亮度分量进行融合,Principal Component 表示使用主成分变换,并使用第一主成分进行融合。
- 选择进行融合的多光谱图像的波段(Layer Selection)
- 设置重采样方法(Resampling Techniques)
- 设置输出文件的数据类型(Data Type)
- 输出文件设置(Output Option):Stretch Unsigned 8bit,表示输出文件三维像元范围为 0～255 之间
- 单击 OK 按钮(关闭 Wavelet Resolution Merge 对话框,执行分辨率融合)

5. 比值变换

比值变换融合是将输入遥感数据的三个波段进行计算,获得融合以后多波段的数值。

$$B'_i = \frac{B_{im}}{B_{bm} + B_{gm} + B_{rm}} \times B_h$$

上式中:

B'_i:代表融合以后的波段数值;

B_{im}:代表红、绿、蓝3波段中任意一个波段数值;B_{rm}、B_{gm}、B_{bm} 分别代表红、绿、蓝3波段的数值;

B_h:代表高分辨遥感数据。

选择 EDRAS 面板菜单"Raster"→"PanSharpen"→"ResolutionMerge"命令,打开 Resolution Merge(图像融合)对话框(图4-48)。

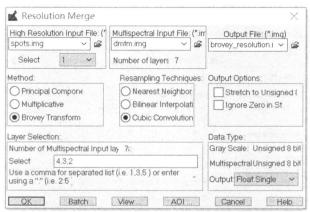

图 4-48　Resolution Merge 对话框

在 Resolution Merge 对话框中,需要设置下列参数:
- 确定高分辨率输入文件(High Resolution Input File):spots.img
- 确定多光谱输入文件(Multispectral Input File):dmtm.img
- 定义输出文件(Input File):resolution.img
- 选择融合方法(Method):Brovey Transform(比值方法)
- 选择重采样方法(Resampling Techniques):Bilinear Interpolation
- 输出数据选择(Output Option):Stretch Unsigned 8bit
- 输出波段选择(Layer Selection):Select Layers:1:7
- 单击 OK 按钮(关闭 Resolution Merge 对话框,执行分辨率融合)

注意:图像融合的关键之一是融合前两幅图像的精确配准,尤其是高分辨率图像。即使全色图像和多光谱图像有一两个像素的几何位置偏差,也可能会造成图像融合结果的重影现象。

习题 4

一、简答题

1. 阐述遥感图像空间增强的方法。
2. 什么是图像平滑?简述均值平滑与中值滤波的区别。
3. 下图为数字图像,亮度普遍在 10 以下,只有两个像元出现 15 的高亮度,利用均值平滑去噪,模板如下图所示,求去噪后的图像。

$$\begin{bmatrix} 1/9 & 1/9 & 1/9 \\ 1/9 & 1/9 & 1/9 \\ 1/9 & 1/9 & 1/9 \end{bmatrix}$$

模板

4	3	7	6	8
2	15	8	9	9
5	8	9	13	10
7	9	12	15	11
8	11	10	14	13

数字图像

4. 简述假彩色与真彩色的区别。
5. 简述归一化植被指数的应用。
6. 什么是遥感图像融合?其目的是什么?
7. 常用的遥感图像融合方法有哪些?
8. 如何评价遥感图像融合效果?

二、实践训练

练一练:试用几种增强方法,分别用 ERDAS IMAGING 软件或 ENVI 软件对遥感图像进行增强。

考核评价

考核评价表

专业班级		姓名	
实训地点		学号	
实训项目			
实训时间	_____年_____月_____日星期_____第_____至_____节		
实训目的			
实训内容及步骤	(可另附页)		
实训体会与总结	(可另附页)		
实训要点	知识:1. 了解遥感图像增强的目的及分类 　　　2. 掌握遥感图像增强方法 技能:能应用 ERDAS IMAGING 软件遥感图像进行光谱增强、辐射增强及空间增强 素质:1. 具备自主学习、分析问题、解决问题的能力 　　　2. 诚信独立完成工作任务		
实训成绩	优秀□　　良好□　　中等□　　及格□　　不及格□ 　　　　　　　　　　　　　　签名:_____ 　　　　　　　　　　　　　　_____年_____月_____日		

模块 5

遥感图像目视判读

知识目标:
(1) 了解目视判读的概念。
(2) 掌握遥感图像目视判读方法。
(3) 理解遥感图像的判读特征。
(4) 掌握遥感图像判读原则。

技能目标:
能对不同遥感图像进行目视判读。

素质目标:
(1) 培养严谨认真、精益求精的工作态度。
(2) 培养分析问题、解决问题的能力。
(3) 培养独立思考、团结协作的能力。

模块导入:
一幅标准的假彩色遥感图像,从图像中可以获取哪些信息?如何从图像上获取各种类型的信息呢?本节主要阐述目视判读的理论与方法。

知识点 遥感图像目视判读原理

遥感图像是以一定比例缩小的地表景观的综合影像,它真实、客观地记录了制图物体的多种特征,如图 5-1 所示,想从图像上获取地图信息,必须进行图像判读,因而,遥感图像判读是遥感制图的重要环节。

判读是对遥感图像上的各种特征进行综合分析、比较、推理和判断,最后提取出你所感兴趣的信息的过程。

目视判读也称为目视解译,是指专业人员直接观察或借助辅助判读仪器,凭借经验知识和现有相关资料,通过分析推理和判断从遥感图像上获取特定目标地物信息的过程。目视判读可借助工具完成,如放大镜、红绿眼镜等。

目视判读优点在于利用判读人员擅长的知识,提取空间信息,而缺点在于需要人工操作,花费时间较长,且主观性较强,判读过程中会存在个人差异,导致同一事物出现不同的判读结果。因此,目视判读需要判读人员具有扎实的专业知识和丰富的判读经验。

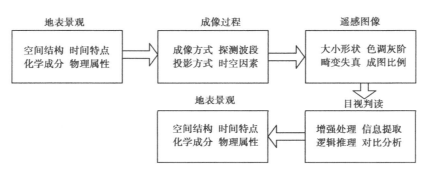

图 5-1 遥感成像与目视判读过程

目视判读标志

遥感图像上那些能够作为识别、分析、判断景观地物的影像特征称为判读标志。判读标志是遥感图像目视判读的基础,建立正确的判读标志体系是遥感图像目视判读的前提。判读标志一般包括直接判读标志和间接判读标志。

(一)直接判读标志

遥感图像上目标地物的特征是地物电磁辐射差异在遥感影像上的典型反映。目标地物的特征主要表现在色、形、位三方面。"色"是指目标地物在遥感影像上的色调、颜色和阴影;"形"是指目标地物在遥感影像上的形状、纹理、大小、图形等;"位"是指目标地物在遥感影像上的空间位置、相关布局等。

直接判读标志是指判读目标自身特点在图像上的直接表现形式。这种判读标志在遥感图像上比较直观,在目视判读中非常有用。根据遥感图像的特征,直接判读标志有:色调、颜色、阴影、形状、大小、纹理、图形、位置和相关布局。色调、颜色是最基本的标志。

1. 色调(Tone)

色调指影像上黑白深浅的程度,是地物电磁辐射能量大小或地物波谱特征的综合反映,是遥感图像中最直观的判读标志。色调用灰阶(灰度)表示,同一地物在不同波段的影像上会有很大差别;同一波段的影像上,由于成像时间和季节的差异,即使同一地区同一地物的色调也会不同;色调不能在不同的影像上对比。

黑白像片上色调表现为灰度,可以用"深、浅、黑、白、灰"等7—10级灰阶来描述。一般来说,地物反射或辐射能力强,则在黑白相片中呈现浅色调,而反射或辐射能力弱,则在黑白相片中呈现深色调,如表 5-1 所示。

表 5-1 物体颜色与黑白像片色调对比

物体颜色	黑白像片上的色调
白	白
浅黄、灰白	灰白
黄、褐黄、淡灰	淡灰
深黄、橙、浅红、浅蓝 浅灰	浅灰
红、蓝、灰	灰

续表

物体颜色	黑白像片上的色调
深红、紫红、浅绿、深蓝、暗灰	暗灰
绿、紫、深灰	深灰
深绿、墨绿、浅黑	浅黑
黑	黑

利用色调标志时要注意同物异谱与同谱异物。同物异谱是指同一物体或性质相同的物体在不同条件下具有不同的光谱反射率,从而表现出不同色调。例如,同种植被由于不同环境条件、不同生长期在同一影像上表现出各种色调。同谱异物,即不同的地物可能具有相同或相似的光谱特征,如不同植被具有相似的光谱特征。

图 5-2　同物异谱

除地物本身的颜色外,影响遥感图像上色调的因素还包括地物表面的结构、地物本身的反光能力、湿度大小、摄影季节的不同、成像波段等。如图 5-2 所示,TM band 7 上水体为深色调,而 TM band 2 上水体则为浅色调。

2. 颜色(color)

颜色是目标地物在光照下呈现的各种色彩,是彩色遥感图像中目标识别的基本标志。

日常生活中目标地物的颜色是地物在可见光波段对入射光选择性吸收与反射后给人眼造成的主观感受。遥感图像中目标地物的颜色是地物在不同波段中反射或发射电磁辐射能量差异的综合反映。彩色遥感图像上颜色可根据需要在图像合成中任意选定,例如 TM 图像可以使用几个波段合成彩色图像,如图 5-3 所示。

3. 阴影(shadow)

阴影是指一部分地面的反射或发射信息被地物自身或其他地物遮挡产生影子,在像片上表现为深色到黑色调的特殊色调。阴影的长度、形状和方向受到太阳高度角、地形起伏、阳光照射方向、目标所处的地理位置等多种因素影响,阴影可使地物有立体感,有利于地貌的判读。可见光图像上的阴影分为本影和落影两种。本影是地物未被阳光直接照到的部分在像片上的构像;落影是阳光直接照射物体,物体投在地面上的影子在像片上的构像,如图 5-4 所示。

TM band RGB 3 2 1 真彩色图像　　　　　　TM band RGB 4 3 2 标准假彩色图像

图 5-3　同一区域真彩色与假彩色对比

金字塔本影　　　　　　　　　　　桥梁的落影

图 5-4　阴影

4. 形状(Shape)

形状是指各种地物外形、轮廓在图像平面上的投影,遥感图像记录的是目标物的顶面形状。不同地物有不同的形状,投影之后的形状与地物本身的性质和形成有密切关系。由于成像方式不同,飞行姿态的改变或者地形起伏的变化,都会造成同一目标物在图像上呈现出不同的形状,如图 5-5 所示。解译时必须考虑遥感图像的成像方式。

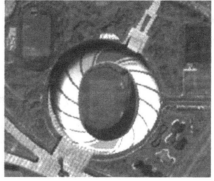

图 5-5　不同地物的形状特征

5. 大小(Size)

大小指地物的尺寸、面积、体积等在图像上按比例缩小的相似性记录。地物在图像上的大小取决于比例尺，同一地物在比例尺不同的图像上大小不同，利用图像上地物的尺寸结合比例尺可以计算地物实际的大小。对于形状相似而难以判别的两种物体，可以根据大小标志加以区别，如图5-6所示。

图5-6　建筑物与河流

6. 纹理(Texture)

纹理也叫内部结构、影像结构，是指遥感图像中目标地物内部色调有规则变化造成的图像结构，即细部结构以一定的频率重复出现，是单一特征的集合。纹理是形状、大小、图案、色调的综合产物。它决定了图像特征从总体上看是光滑的还是粗糙的。一般是由点状、粒状、线状、斑状的细部结构以不同的色调或呈一定的频率出现，组成轮廓内的图像特征，如图5-7所示。

图5-7　幼林与成林的纹理

7. 图形(Pattern)

图形是指目标地物以一定规律排列而成的图形结构。它可以反映各种人造地物和天然地物的特征，如农田的垄、果树林排列整齐的树冠等，各种水系类型、植被类型、耕地等也都具有独特的图形结构。图5-8(a)为河滩图形，图5-9(b)为飞机场图形。

8. 位置(Location)

位置是目标地物空间分布的地点和所处环境的关系。目标地物与其周围环境总是存在一定的空间联系，并受周围地理环境的制约，因此可以利用图像位置识别一些目标地物和现象，如某些植物专门生长在沼泽地、沙地和戈壁上。根据遥感影像周框注记的地理经纬度位置，可以推断区域的温度带，依据相对位置，可以为具体地物解译提供重要的判断依据，图5-9

为大桥位置。

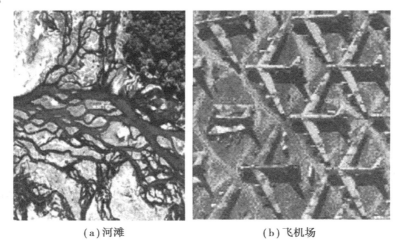

(a) 河滩　　　　　　　　　(b) 飞机场

图 5-8　图形

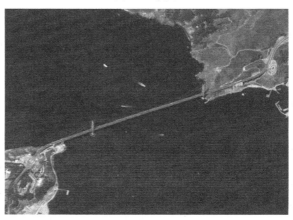

图 5-9　大桥位置

9. 布局(Association)

布局是指多个目标地物之间的空间配置关系,如图 5-10 所示,学校布局中通常都有操场等。地面物体之间存在着密切的物与能量上的联系,依据空间布局可以推断目标地物的属性。

图 5-10　学校布局

(二)间接判读标志

由于遥感技术的局限性,许多问题不能直接从目视判读直接获得答案,需要从其他相关事物之间的联系,透过表面的蛛丝马迹,通过由此及彼、由表及里、去伪存真的逻辑推理获得判断,这一过程称为间接判读。

间接判读标志是指间接反映和表现目标地物信息的遥感图像的各种特征,借助它可以推断与某地物属性相关的其他现象。经常用到的间接判读标志有以下三个方面。

1. 目标地物与其相关指标指示特征

如像片上河流边滩、沙嘴和心滩的形态特征是确定河流流向的间接判读标志;如图 5-11 所示,像片上呈线状延伸的陡立三角面地形,是推断地质断层存在的间接标志。

图 5-11　地质断层

2. 地物与环境的关系

地物在自然界中不是孤立存在的,而是与其他事物和环境有着密切的关系,因此可以利用地物与环境的关系来推断目标地物,如图 5-12 所示。

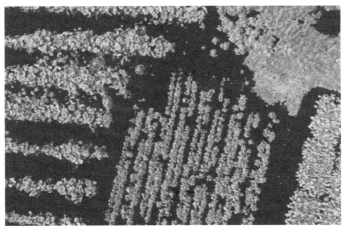

图 5-12　地物与环境的关系

3. 目标地物与成像时间的关系

现实中地物不是一成不变的,通常会随着时间发生改变,相同的地物在不同的时间可能产生变化,因此在提取目标物信息的时候一定要掌握图像的成像时间。如图 5-13 所示,不同的季节耕地在影像上的表现也不一样。

图 5-13　不同季节耕地的变化

技能点　目视判读的方法与步骤

一、任务分析

用目视方法对遥感图像进行判读,是指由具备一定判读经验的专业人员,根据地物的波谱特征、时间特征、空间特征和成像规律,对遥感图像显示的各种信息用目视进行比较、分析和鉴别,提取地物的类型、特征、变化现象等各种有用信息。

二、知识学习

(一)目视判读方法

遥感图像目视判读的一般顺序是先"宏观"后"微观";先"整体"后"局部";先"已知"后"未知";先"易"后"难"等。目视判读时还需遵循一定原则,如多种信息综合分析、多手段多方法相结合、内外结合以保证精度。

1. 直接判读法

根据图像特征即目视判读标志,通过直接观察判定地物性质与范围。直接判读是目视判读方法中最直观也是最简单的方法,利用直接判读方法需要充分利用直接判读标志来进行推理判读,可以将目标物与其他地物区分开来。如在可见光黑白像片上,水体对光线的吸收率强,反射率低,水体呈现灰黑到黑色,根据色调可以从影像上直接判读出水体,根据水体的形状可以直接分辨出水体是河流还是湖泊等。在卫星图像上直接判读一般是依据色调标志和图形标志进行的,而且一些大尺度的目标或自然现象相对容易直接判定,如农田等。

图 5-14　直接判读

2. 对比分析法

对比分析法是对不同遥感影像、卫星图像不同波段、不同时相的图像进行对比分析,以及与其他已知资料、其他方法获得的结果对比或实地进行对比分析。不同情况下对比分析的目的和效果不一样,比如遥感信息与非遥感信息可能互为作证关系,不同波段数据是一种补充关系等。许多地物及欲观察现象在不同的空间尺度、不同波段、不同时间会表现出差异或变化来,所以通过对比分析能有效地进行判读。

将不同波段、不同分辨率的影像对比分析有利于判定地物性质、区分相似目标,如图 5-15 所示;将不同分辨率和比例尺的影像对比有利于宏观与微观现象、目标轮廓与细部特征的补充分析;通过对不同时相的遥感图像的对比分析,既可以把不同的地物和现象识别出来,也可以揭示同一事物的变化趋势,因此,不同时相对比分析广泛应用于监测同一事物的动态变化。

 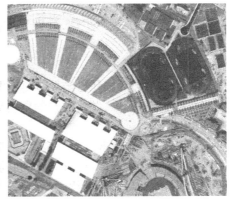

图 5-15　对比分析法

3. 信息复合法

信息复合法是指利用透明专题图或透明地形图等非遥感信息与遥感图像重合,根据专题图或者地形图提供的多种辅助信息,识别目标地物的方法。使用这种方法时需要注意选择的专题图与地形图的比例尺要与遥感图像的分辨率相适应,这样才能更好的利用辅助信息来提取信息。如 TM 影像图,覆盖的区域较大,影像上土壤特征不明显,为了提高土壤类型解译精度,可以使用信息复合法,利用植被类型图增加辅助信息。

4. 地理相关分析法

地理相关分析法是指根据地理环境中各种地理要素之间相互依存、相互制约的关系,借助专业知识,分析推断某种地理要素性质、类型、状况与分布的方法。如图 5-16 所示,洪积扇一般都分布在山前沟谷的出口处,坡度较小,规模较大,洪积扇下部常开垦为农田,在像片上的影像均呈扇形。

图 5-16 地理相关法推断洪积扇

5. 综合推理法

遥感影像判读的综合推理法是综合考虑图像多种解译特征,结合生活常识,分析推断某种目标地物的方法。根据地学规律,分析地物之间的内在必然分布规律,由某种地物推断出另一种地物的存在及属性。这种方法在使用的时候需要合理利用综合经验和相关知识,因此要求判读者具有更加丰富的知识储备,如由植被类型可推断出土壤的类型,根据建筑密度可判断人口规模等。

(二)目视判读的基本步骤

目视判读大致可分为五个步骤,分别为准备工作、初步判读、详细判读、野外验证及成果制图。

(1)准备工作

根据工作目的,明确判读任务与要求,依据区域特点准备适当的遥感影像资料,选择合适波段与恰当时相的遥感影像,并对已有的资料或地面实况进行分析。

(2)初步判读

首先根据要求进行判读区的野外考察,然后根据影像色调、阴影、图形、形状、大小、纹理、位置、相关布局特征,建立起原型与模型之间的解译标志,再根据解译标志对影像进行初步解译,确定野外检查解译标志的点、线。经验证、修改最终确定解译标志。

判读原则遵循先整体后局部,从已知到未知,由宏观到微观,先大后小,先易后难。方法采用直接判读和间接判读相互结合。

(3)详细判读

野外考察与初步判读奠定了详细判读的基础。详细判读中,把握目标物体的综合特征,根据判读原则,结合判读目的,运用判读标志,综合应用各种判读方法,对复杂地物现象进行判读。

在详细判读过程中,要及时将解译中出现的疑难点、边界不清楚的地方和有待验证的问题详细记录下来,留待野外验证与补判阶段解决。

(4)野外验证

野外验证是指再次到遥感影像判读区去实地核实影像解译的结果。野外验证的主要内容包括两方面:

一方面是检验专题解译中图斑的内容是否正确。检验方法是将专题图图斑对应的地物类型与实际地物类型相对照,看解译是否准确。验证图斑界线是否定位准确,并根据野外实际考察情况修正目标地物的分布界线。验证过程实际上也是对解译标志的一种检验,如果发现由于解译标志错误导致地物类型判读错误,就需要对解译标志进行修改,依据新的解译标志再次进行解译。

另一方面是疑难问题的补判。补判是对室内目视判读中遗留的疑难问题的再次解译。其方法是根据解译过程中的详细记录,找到疑难问题的地点,通过实际观察或调查,确定其地物属性。若疑难问题具有代表性,应建立新的判读标志。根据野外验证情况,对遥感影像进行再次解译。

(5)成果制图

遥感图像目视判读成果一般是以专题图或遥感图像的形式表现。可以利用手工转绘成图或在精确几何基础的地理地图上采用转绘仪进行转绘成图,将遥感图像目视判读成果转绘成专题图。

三、技能训练

[实训名称]

遥感影像目视判读

[实训目的]

1. 了解航空影像和卫星影像的特征。

2. 提取航空影像和卫星影像的信息。

[实训内容]

按判读标志解译所给的航片,区分出居民地、农田类型、河流、流向、道路等地表覆盖类型,理解判读标志的含义,初步掌握图像识别的方法。

[实训方法]

(一)航空像片目视判读

航空像片目视判读是凭借人眼观察或借助简单仪器对航片进行分析和量测,以获取所需要的地面各种信息的过程。

1. 航片的判读标志

在航空像片上,不同地物有其不同的影像特征,这些特征是判断地物的依据,我们称作判读标志。判读标志是地物自身性质、形态等特征在像片上的反映。因而根据判读标志可以直接从像片上辨认出地物的属性及其空间分布等特征。

(1)直接判读特征

地物在航片上的反映出来的几何特征(如形状、大小、纹理、图案)和物理特征(如颜色、色调、阴影)。

1)颜色和色调

颜色和色调都是地物电磁辐射能量大小或地物波谱特征在航片上的综合反映,如图5-17。色调在黑白航片上指影像的黑白深浅程度。它是地物对入射光线反射率高低的客观记录,像片上的色调从白到黑逐渐变化,一般可划分为以下等级:白、灰白、浅灰、灰、深灰、浅黑、黑。例如,居民地的色调和周围山地或植被的色调、铁路和公路的色调与形状、河流深浅的色调等。

影响地物色调的因素有多个。

①被摄物体颜色。

表 5-2　被摄物体颜色与影像色调对比

被摄物体的颜色	影像的色调
白色、黄色、浅棕色	白色或浅灰色
红色、干黄黏土色	灰色
绿色、蓝色、黑色	深灰色或黑色

图 5-17　颜色与色调

②光照强度。

光线垂直照射物体表面时,光照强度大,航片影像色调发白;光线斜照在物体上时,光照强度小,影像色调变深;地物的向光面色调较浅,背光面色调较深。光照强度对色调的影响如图 5-18 所示。

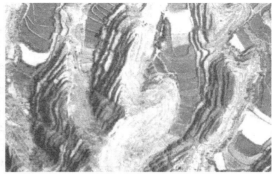

图 5-18　光照强度对影像色调的影响

③物体对光反射能力。

对光反射能力越强的物体,在航片上色调越浅。例如雪地对光反射能力最强,色调最白,为亮白色。潮湿的土壤对光反射能力较弱,它吸收光线的能力较强,色调就较深,干燥的土壤色调较浅。总的来说表面光滑则色调浅,表面粗糙则色调深。平静的水面是光滑表面,发生镜面反射,在航片上呈黑色或白色。如图 5-19 所示,不同物体在不同的影像上对光的反射能力不同,所呈现出的色调也不同。

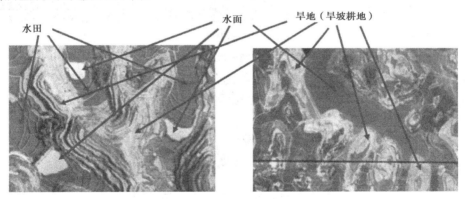

图 5-19　不同物体对光的发射能力

④摄影季节。

植物处于生长旺季,其构像色调就深,生长淡季或枯死季节,其色调就浅。植被覆盖度大,色调深,反之色调浅。

2）形状

任何地物都具有一定的几何形状。由于地物各部分反射光线的强弱不同,所以在像片上反映出相应的形状,依据影像的形状特征,就可以辨认出其相应的地物。如图 5-20 所示,居民地的房屋影像一般均表现为规则的方块形状,河流常呈弯曲的条带状,公路常呈笔直的线状且灰度浅亮,湖泊常呈不规则的封闭区间等。

3）大小

地物影像的(尺寸)大小,不仅能反映地物的一些数量特征,而且还能据此判断地物的性质。例如,单轨铁路和双轨铁路从形状上往往不易区分,但量算它们的宽度,则容易区分。由于地形和像面倾斜影响,同一航片上,同样尺寸的地物,位于高处者影像尺寸大些;像面倾斜时,不同部位的地物大小也不一样。

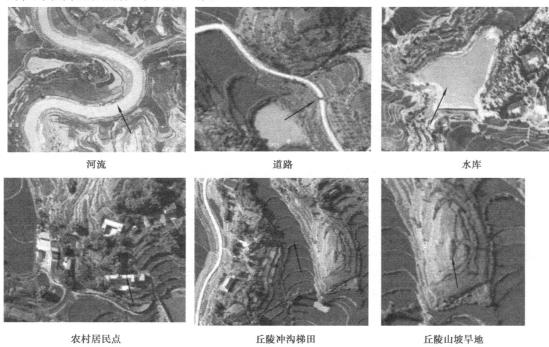

图 5-20 不同地物表现的形状

地物本身对光反射能力强,又与周围地物的色调反差大,其构像比例尺往往大于理论比例尺。如图 5-21 所示,小于 0.5 m 的田埂,按比例尺缩小,人眼已无法辨认,但其在航片上的影像仍然明显可辨。

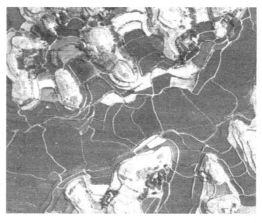

图 5-21 航片上的田埂

4)阴影

地物的阴影可分为本身阴影和投落阴影两部分(图 5-22)。在像片判读中,本影有助于获得地物的立体感;在利用落影长度判断地物高度时,应注意太阳高度角的变化,以及该地物所处的地形位置。

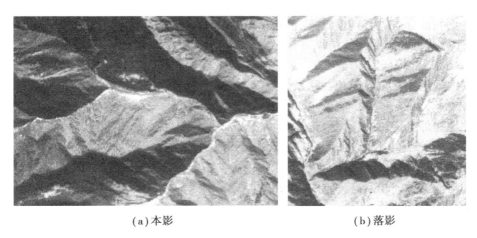

(a) 本影　　　　　　　　　　　　(b) 落影

图 5-22　阴影

5) 纹理

纹理在高分辨率像片上可以形成目标物表面的质感,在视觉上看上去显得平滑或粗糙(图 5-23)。

图 5-23　高分辨率像片上的纹理

6) 组合图案

当地物较小或像片比例尺较小时,像片上往往不易观察到单个地物的影像,但当这些细小的地物群体影像构成一种特殊纹理的组合图案时,根据图案花纹可以判断不同的群体。例如山坡上的植被覆盖密度情况、城市与农村的居民地集中图案等。如图 5-24 所示,平原地区与丘陵地区显示的图案有很大的差别。

平原地区　　　　　　　　　　　　丘陵地区

图 5-24　根据图案花纹判断不同群体

在运用判读标志进行判读时,也不能只根据一种标志下结论,而应运用多种标志,反复观察对比,才能获得正确的判读结果。

(2)间接判读特征

地物之间的相互位置与相互联系的规律。

1)位置

各种地物都有特定的环境部位,因而它是判断地物属性的重要标志。例如某些植物专门生长在沼泽地、沙地和戈壁上,冰雪往往在山脊或山顶。

2)相关布局

地物与地物之间相互有一定的空间配置关系,例如学校与操场,道路与居民点分布,水田与水源的分布。

2. 地物判读

航空像片一般用摄影的方法获得,航高在 10 km 以内的对流层。常用的航空像片类型为彩色红外像片,像片的比例尺大、分辨率高,常用直接判读法和对比分析法。

(1)耕地

平坦的农田有明显的几何形状、面积较大,有道路与居民点相连。色调随土壤、湿度、农作物种类及生长季节不同而变化。一般湿度大的色调较暗、干燥的较浅;生长着农作物的较暗、成熟的较浅;农田灌溉时较暗、不灌溉时较浅。

沟谷中的农田呈不规则状,大部分呈窄而长的条状。梯田呈阶梯状。水田一般田块分割小而整齐,地面平整,周围筑有田埂,影像色调一般较均匀、呈深灰色,比旱地深。

水田在平原地区形状多为格网状,在山区形状不规则。水田与水浇地、旱地一般较易区别,水浇地与旱地一般不易区别,但山区耕地大部分为旱地。

(2)园地

园地中种植的果树在影像上一般呈颗粒状、排列整齐、色调较深,一般较易判别,这也是与林地的重要区别。

(3)林地

森林在影像上一般为界线轮廓较明显、色调呈暗色、主要分布在山上的颗粒状图案,较容易判别。

(4)草地

草地在影像上一般呈均匀的灰色或深灰色,纹理光滑细腻,形状不规则。在牧区草地较易判别,但人工牧草地与天然牧草地不易判别。

(5)居民地

居民地在影像上呈由若干小的矩形(屋顶形状)紧密相连在一起的成片图形。由于阴影的存在,居民地更易判别。居民地色调一般呈灰或灰白。

城市居民地一般面积大、街道比较规则,常有林荫大道、公园、广场等;城镇居民地一般分布在公路、铁路沿线,房屋多而密集;农村居民地一般与农田联系在一起,有道路相连。

(6)道路

道路指铁路、公路、农村道路。道路在影像上呈细而长的条状。色调由白到黑,随路面的湿度和光滑程度不同而变化。一般湿度小、光滑的道路,色调浅,反之深暗。

铁路一般呈浅灰色或灰色的线状图形,转弯处圆滑,且一般与其他道路直角相交;公路一般为白色或浅灰色的带状,山区公路常有迂回曲折的形状,公路两侧一般有树和道沟,呈较暗的线条;土路一般呈浅灰色的线条,边缘不太清晰;小路呈曲折的细线条状,浅灰色。

(7)水域

水的色调是由白到黑,色调的深浅与水的深浅、浑浊程度、光照条件等有关,水深则色调暗、水浅则色调浅;水越浑浊则色调越暗,反之越浅;光照越强则色调越浅,反之越深。

河流在影像上一般较宽并呈弯曲带状,色调由白到黑;小溪呈弯曲不规则的细线条,色调较暗,常被岸上树木、灌木掩盖;湖泊和坑塘的水面色调呈均匀的浅黑色或灰色,且面积大小相差甚大;沟渠为色调呈暗色的线状影像,灌渠的一端总与水源相连,排水渠的一端总与河流相通。

(二)卫星图像目视判读

目视判读是卫星图像应用的最基本方法。即使利用计算机进行自动处理时,诸如训练场地的确定、样本的选择以及自动分类决策的预估等,也都不同程度地需要目视判读作为基础。判读航片的原则和方法,基本都适用于卫星图像判读。但卫星图像判读也具有自己的特点(更具宏观性、多波段性、时相动态好)。

1.标准假彩色合成卫片的基本色调

表5-3 标准假彩色合成卫片的基本色调

目标地物	色调
植物	红色(病株为暗红色)
水体	蓝绿色或黑色(浑浊水体蓝白色)浅蓝
云雾、冰雪	白色或蓝色
裸岩、城镇	蓝色
枯草及干旱草坡	黄色
沙地	黄白色
泥炭	黑色
裸土	淡绿色或褐色

卫片的判读方法有直接判读和间接判读,判断时需要注意影像信息的综合性、地理相关分析、空间分布规律及影像信息的时间变化规律。

2.地物判读

(1)植被判读

卫星图像上植被往往不是以个体形态出现,而是以群体的分布范围展现。由于植被类型、疏密程度和生长状况不同,图像上往往形成色调差异。在可见光范围内,植物中的各种色素是影响光谱成像的主要因素。在近红外波段可分为两部分,$0.76\sim1.3~\mu m$ 植物叶子很少吸收辐射能量,植物叶子的组织结构起重要作用,在 $1.4~\mu m$、$1.9~\mu m$、$2.73~\mu m$ 处为水的吸收带,此区间内植物叶片水分含量是主要因素。

在标准假彩色图像中,植被为红色,幼嫩植被带粉红色,受虫灾时呈暗红色。阔叶林比针叶林更鲜红,灌丛颜色较浅。

(2)城镇判读

城镇是区域的政治、经济和文化的中心。卫星图像能迅速、宏观和动态地提供城镇各种变化的信息,为城镇规划和建设服务。目前卫星图像判读偏重于对大、中城市的判读,而对一些小城镇一般只做定位判读,确定城市发展轮廓和规模。和自然区域相比,城镇建筑材料较为特殊,反射率较高。城镇的光谱特征是各类建筑物与周围裸地的综合反映。城镇在多波段黑白图像上表现为深暗色调;在标准假彩色图像上表现为灰蓝或蓝灰色。

(3)水体判读

基于水体的形状和光谱特征,水体在一般的卫星图像上均能反映出直观而清晰的特征(图 5-25)。因此在卫星图像判读中,往往先进行水体判读并进行单要素成图,为水资源和水环境分析研究,以及其他专业的判读提供基础。水体在可见光波段一般呈蓝色或深蓝色,在近红外图像上,一般呈浅黑色或黑色。湖泊、水库、池塘的区别,要结合水体的形状、大小、位置等因素。在标准假彩色图像上,深而清澈的水体呈黑或蓝黑色;水浅者多为浅蓝色;含泥沙者颜色更浅,含沙量过高则呈乳白色;有水生植物则呈红色斑点。

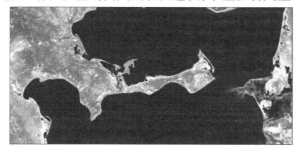
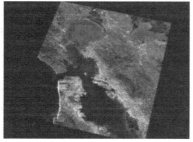

图 5-25　水体判读

(4)山地、丘陵、盆地的判读

山地和丘陵由于地形起伏,形成阴坡和阳坡,产生色调的深浅变化,特别是逆光下,可观察到地形的高低起伏,较明显的山脊线和谷坡以及山体分布的轮廓,如图 5-26 所示。盆地是被山体或高原包围、中间相对平坦的地区,色调较均匀,一定规模的盆地,光线反差较大时,轮廓较为分明。

图 5-26　山地和丘陵判读

习题 5

一、简答题

1. 目视判读的概念是什么？
2. 什么是目视判读标志？
3. 直接判读标志包括哪些内容？
4. 间接判读标志包括哪些？
5. 目视判读方法包括哪些？
6. 目视判读的步骤包括哪些？其中需要注意的内容是哪些？

二、实践练习

下载一幅航片与卫片，分别对它们进行判读。

考核评价

考核评价表

专业班级		姓名	
实训地点		学号	
实训项目			
实训时间	_____年_____月_____日星期_____第_____至_____节		
实训目的			
实训内容及步骤	（可另附页）		
实训体会与总结	（可另附页）		
实训要点	知识：1. 掌握遥感图像目视判读标志 　　　2. 掌握遥感图像目视判读方法 　　　3. 掌握遥感图像目视判读原则 技能：能利用目视判读方法，根据目视判读原则对判读遥感图像 素质：1. 具备自主学习、分析问题、解决问题的能力 　　　2. 诚信独立完成工作任务		
实训成绩	优秀□　　良好□　　中等□　　及格□　　不及格□ 　　　　　　　　　　　签名：_____ 　　　　　　　　　　　_____年_____月_____日		

模块6
遥感图像计算机分类

知识目标：
(1) 掌握遥感图像计算机分类的原理及分类依据。
(2) 理解遥感图像计算机分类的方法和过程。

技能目标：
(1) 能够基于 ERDAS IMAGING 遥感图像进行监督分类和非监督分类。
(2) 能够基于 ERDAS IMAGING 遥感图像进行分类后处理。

素质目标：
(1) 增强学生解决问题的实践能力。
(2) 培养学生严谨求学的求实精神。
(3) 激发学生科技报国的国家情怀和使命担当。

模块导入：

遥感图像分类就是利用计算机通过对遥感图像中各类地物的光谱信息和空间信息进行分析，选择特征，将图像中各个像元按照某种规则或算法划分不同的类别，然后获得遥感图像中与实际地物的对应信息，从而实现图像的分类。遥感图像计算机分类的依据是遥感图像像素的相似度，对给定的遥感图像上所有像元的地表属性进行识别归类的过程。分类的目的是在属性识别的基础上，获取区域内各种地物类型的面积、空间分布等信息。从分类执行方式上有监督分类、非监督分类；从分类模型上或分类器上分为统计分类、模糊分类、邻域分类、神经网络分类等。

知识点 分类原理及过程

一、计算机分类原理

计算机分类的对象是数字图像，地物的所有特征都是通过数字化的灰度值反映出来的，计算机分类是建立在对图像像元灰度值的统计、运算、对比和归纳的基础上的，也就是说，遥感图像计算机分类是基于数字图像中所反映的同类地物的光谱相似性和异类地物的光谱差异进行的。在多波段图像中，每一个像元都具有一组对应取值，称其为像元模式，而每一个波段都可以看作一个变量，在计算机分类中称为原始图像的特征变量。利用这些特征变量对数字图像进行分类。分类是对图像上每个像素按总亮度接近程度给出对应类别，以达到大致区分遥感图像中多种地物的目的。

很多情况下，同类地物会具有不同的光谱特征，比如土地利用分类中的耕地会由于耕种方式和种植作物不同而具有明显的光谱差异，这种现象称为同物异谱。不同的地物可能具有相似的光谱特征，比如许多绿色植物具有十分相似的光谱特征，这种现象称为同谱异物。同物异谱和同谱异物现象的存在导致信息类别和光谱类别不对应，从而降低了计算机分类的精度。因而在分类前要对原始图像做些变换，这一过程称为特征变化。通过变化找出最能反映地物类别差异的特征变量进行分类，这一过程称为特征提取。分类后还需要进行分类后处理，单纯的地物光谱特征的计算机分类得出的结果属于光谱类别，还需对分类结果归并，对错误分类的像元改正，得到理想的信息类别。

一般来说，遥感图像的计算机分类主要有监督分类和非监督分类。监督分类是指从图像上已知目标类别区域中提取数据，统计出代表总体特征的训练数据，主要是灰度和纹理等特征，然后进行分类。采用监督分类方法必须事先知道图像中包含哪几种目标类别。非监督分类是当图像中包含目标不明确或没有先验确定的目标时，则需要将像元先进行聚类，用聚类方法将遥感数据分割成比较均匀的数据群，把它们作为分类类别，在此基础上确定特征量，继而进行类别总体特征的测量。

二、计算机分类一般步骤

遥感图像计算机分类一般包括分类前预处理、训练样本的选择、特征选择与特征提取、图像分类、分类后处理及专题图制作等。

1. 分类前预处理

为减少原始图像数据的波段数和分类时统计运算的数据量，分类前一般需要对原始图像进行几何校正、辐射校正、量化、采样、增强、去噪等预处理，如通过辐射校正去除大气散射的影响，突出地物信息。特别是使用不同时相遥感数据时，由于大气散射受季节和大气质量影响，更有必要订正到同一水准。

2. 选择训练样本

从待处理的图像数据中选取具有的数据作为样本。训练样本的选择区域是否准确、数量是否足够，影响着分类精度。一般选择训练样本是确定几个典型的区域，进行实地考察，对照实地将被分类的遥感图像一一识别与标识，再通过计算机提出数据。

3. 特征选择与特征提取

特征选择是从众多特征中挑选出参与分类的若干特征，特征提取是利用特征提取算法对选择的特征进行计算，目的是求出一组对分类有效的特征。原始遥感图像的特征波段波次之间往往存在较强的相关性，例如TM1、TM2、TM3彼此之间都存在较强的相关性，不加选择地利用这些特征变量分类不但增加多余的运算，有时反而会影响分类的准确性。特征选择和特征提取就是减少参加分类的特征图像的数目，从原始信息中抽取能更好地进行分类的特征图像，这也是遥感图像计算机分类前的一个很重要的处理过程。

4. 图像分类

图像分类就是根据图像的特点和分类目的而设计或选择恰当的分类器及其判别准则，对特征向量集进行划分，完成分类识别工作。分类方法较多，根据分类要求和图像数据的特征，选择合适的图像分类方法和算法，根据应用目的及图像数据的特征制定分类系统，确定分类类别。一般来说,监督分类方法较为简单,不需要先验知识,当地物光谱类别与信息类别对应较好时比较适用,地物类别光谱差异很小时,监督分类的精度也较高。

5. 分类后处理

分类后处理主要是对分类结果进行精度评价和统计检验。由于分类过程是按像元逐个进行的,由于异物同谱或同物异谱现象的存在,或由于传感器空间分辨率和光谱分辨率的限制,使得分类精度有所影响。对分类结果进行检查并处理是很必要的工作。在监督分类中把已知训练数据及分类类别与分类结果比较,确认分类的精度及可靠性;在非监督分类中,采用随机抽样方法,分类效果的好坏需要实际检验或利用分类区域的调查材料、专题图进行核查。

6. 专题图制作

在处理后达到精度要求的分类图基础上,根据需要和用途,进行专题图的制作。

三、分类后处理

计算机分类按照图像光谱特征进行聚类分析,得到的是初步结果,一般难于达到最终目的。因此,对获取的分类结果需要再进行一些处理,以达到最终理想的分类结果,这些过程通常称为分类后处理。常用的分类后处理方法有聚类统计、过滤分析、去除分析、分类重编码等。

1. 聚类分析

不管是监督分类还是非监督分类,分类结果中都会出现一些面积很小的图斑。无论从专题图的角度还是实际应用方面,都有必要对这些小图斑进行剔除。聚类处理运用形态学算子将邻近的类似分类区域聚类并合并。一般将被选的分类用一个扩大操作合并到一起,然后对分类图像进行侵蚀操作。通过聚类处理可以将分类图像中斑点或洞去除掉。

2. 过滤分析

过滤处理使用斑点分组方法来消除被隔离的分类像元,运用类别筛选方法,通过分析周围 4 个或 8 个像元,判定一个像元是否与周围的像元同组。如果一类中被分析的像元数少于输入的阈值,这些像元就会被从该类中删除,删除的像元归为未分类像元。过滤处理可以解决分类图像中的孤岛问题。

3. 去除分析

遥感图像分类结果中,不可避免地会产生一些面积很小的图斑。这些图斑虽然符合分类标准,但是在实际应用中意义并不大,而且会影响专题制图的效果和难度,因此有必要将这些小图斑去除或将其重新分类。

4. 分类重编码

分类重编码主要是针对非监督分类。由于非监督分类之前,用户对分类地区没有什么了解,所以在非监督分类过程中,一般要定义比最终需要多一定数量的分类数,在完全按照像元灰度值通过 ISODATA 聚类获得分类结果后,首先是将专题分类图像与原始图像对照,判断每个分类的专题属性,然后对相近或类似的分类通过图像重编码进行合并,并定义分类名称和颜色。

技能点1　监督分类

一、任务分析

监督分类即训练分类法,用被确认类别的样本像元去识别其他未知类别像元的过程。它就是在分类之前通过目视判读和野外调查,对遥感图像上某些样区中影像地物的类别属性有了先验知识,对每一种类别选取一定数量的训练样本,计算机计算每种训练样区的统计或其他信息,同时用这些种子类别对判决函数进行训练,使其符合于对各种子类别分类的要求,随后用训练好的判决函数去对其他待分数据进行分类。使每个像元和训练样本作比较,按不同的规则将其划分到和其最相似的样本类,以此完成对整个图像的分类。

二、知识学习

(一)监督分类概念

监督分类(supervised classification)又称训练场地法,是以建立统计识别函数为理论基础,依据典型样本训练方法进行分类的技术。即根据已知训练区提供的样本,通过选择特征参数,求出特征参数作为决策规则,建立判别函数以对各待分类影像进行的图像分类,是模式识别的一种方法。其要求训练区域具有典型性和代表性。判别准则若满足分类精度要求,则此准则成立;反之,需重新建立分类的决策规则,直至满足分类精度要求为止。

监督分类的思想是:确定每个类别的样区,再学习或训练,确定判别函数和相应的判别准则,计算未知类别的样本观测值、函数值,最后按规则进行像元的所属判别。判别函数是当各个类别的判别区域确定后,用来表示和鉴别某个特征矢量属于哪个类别的函数。这些函数不是集群在特征空间形状的数学描述,而是描述某一未知矢量属于某个类别的情况,如属于某个类别的条件概率。一般,不同的类别都有各自不同的判别函数。判别规则是判断特征矢量属于某类的依据。当计算完某个矢量在不同类别判别函数中的值后,要确定该矢量属于某类必须给出一个判断的依据。如若所得函数值最大,则该矢量属于最大值对应的类别。这种判断的依据,我们称之为判别规则。

训练样本的选择是监督分类中最重要的环节。训练样本选择的好坏决定遥感分类结果,在选择训练样本时需要注意以下问题:

①训练样区要有典型性和代表性。地物本身具有复杂性,训练样区必须在一定程度上反映同类地物光谱特性的波动情况,以保证数据具有典型性,从而进行准确分类。训练场地所包含的样本在种类上要与待分区域的类别一致。训练样本应在各类目标地物面积较大的中心选择,这样才有代表性。

②样本要保证一定数量。用于监督分类的训练样本是光谱比较均一的地区,在图像中根据均一的色调估计只有一类地物,且一类地物的训练样本可以选取一块以上。此外用作样本的数目至少能满足建立分类判别函数的要求,对于光谱特征变化较大的地物,训练样本要足够多,以反映其变化范围。一般情况下,要得到可靠的结果,每类至少选择10~100个训练

样本。

③选取训练区使用的参考图件与分类数据在时间上和空间上最好保持一致或相近。在确定训练样区的类别专题属性的信息时,应确定所使用的地图、实地勘察等信息与遥感图像保持时间上的一致,确保选择的样区与实际地物的一致性,防止地物随时间变化引起的分类模板设置错误。

(二)监督分类的方法

监督分类是自顶向下的知识驱动法,先进行训练再进行分类,即先学习再分类。

监督分类中分类算法很多,如最小距离分类法、最大似然法、马氏距离法、平行六面体分类法等。

1. 最小距离分类法

最小距离分类法是以特征空间中的距离作为像素分类的依据的分类法,是一种相对简化了的分类方法。前提是假设图像中各类地物光谱信息呈多元正态分布,假设 N 维空间存在 M 个类别,某一像元距哪类距离最小,则判归该类。通过训练样本事先确定类别数、类别中心,然后进行分类,分类的精度取决于训练样本的准确与否。最小距离分类法包括最小距离判别法和最邻域分类法。

(1)最小距离判别法

这种方法要求对遥感图像中每一个类别选一个具有代表意义的统计特征量(均值),首先计算待分像元与已知类别之间的距离,然后将其归属于距离最小的一类。

(2)最邻域分类法

这种方法是上述方法在多波段遥感图像分类中的推广。在多波段遥感图像分类中,每一类别具有多个统计特征量。最邻域分类法首先计算待分像元到每一类中每一个统计特征量间的距离,这样,该像元到每一类都有几个距离值,取其中最小的一个距离作为该像元到该类别的距离,最后比较该待分像元到所有类别间的距离,将其归属于距离最小的一类。

以下是最小距离分类器的步骤:

①确定类别 m,并提取每一类所对应的已知样本。

②从样本中提取出一些可以作为区分不同类别的特性,也就是通常所说的特征提取,如果提取出了 n 个不同的特性,那么就叫它 n 维空间,特征提取对分类的精度有重大的影响。

③分别计算每一个类别的样本所对应的特征,每一类的每一维都有特征集合,通过集合,可以计算出一个均值,也就是特征中心。

④通常为了消除不同特征因为量纲不同的影响,我们对每一维的特征,需要做一个归一化,或者是放缩到 $(-1,1)$ 等区间,使其去量纲化。

⑤利用选取的距离准则,对待分类的本进行判定。

最小距离分类法原理简单,容易理解,计算速度快,但是因为其只考虑每一类样本的均值,而不用管类别内部的方差(每一类样本的分布),也不用考虑类别之间的协方差(类别和类别之间的相关关系),所以分类精度不高,因此,一般不用它作为对精度有高要求时的分类方法,但它可以在快速浏览分类概况中使用。

2. 最大似然分类法

最大似然分类法是经常使用的监督分类方法之一,它是通过求出每个像素对于各类别的归属概率,把该像素分到归属概率最大的类别中去的方法。其思路是假定训练区地物的光谱特征和自然界大部分随机现象一样,近似服从正态分布,利用训练区可求出均值、方差以及协方差等特征参数,从而可求出总体的先验概率密度函数。当总体分布不符合正态分布时,其分类可靠性将下降,这种情况下不宜采用最大似然分类法。最大似然分类法在多类别分类时,常采用统计学方法建立起一个判别函数集,然后根据这个判别函数集计算各待分像元的归属概率。

应用最大似然分类法进行遥感图像分类时,由于对每一个像元的分类都要进行大量的计算,因而最大似然分类法所需的时间较长。

3. 马氏距离法

马氏距离法利用一个方向灵敏的距离分类器,分类时将使用到统计信息,与最大似然法有些类似,但是它假定了所有类的协方差都相等,所以它是一种较快的分类方法。

4. 平行六面体分类法

平行六面体分类法用一条简单的判定规则对多光谱数据进行分类。判定边界在影像数据空间中是否形成了一个 N 维的平行六面体。平行六面体的尺度是由标准差阈值所确定的,标准差阈值可根据每种所选类的均值求出。

三、精度评价

分类后专题图的正确分类程度的检核,是遥感图像定量分析的一部分。对分类结果进行评价,确定分类的精度和可靠性,有两种方式用于精度验证:一是混淆矩阵,二是 ROC 曲线。比较常用的是混淆矩阵,ROC 曲线可以用图形的方式表达分类精度,比较抽象。

混淆矩阵又称误差矩阵,是一个用于表示分为某一类别的像元个数与地面检验为该类别数的比较阵列。通常,阵列中的列代表参考数据,行代表由遥感数据分类得到的类别数据,如图 6-1 所示。

实测数据类型	分类数据类型					实测总和
	1	2	…	…	n	
1	p_{11}	p_{21}	…	…	p_{n1}	p_{+1}
2	p_{12}	p_{22}	…	…	p_{n2}	p_{+2}
…	…	…	…	…	…	…
…	…	…	…	…	…	…
n	p_{1n}	p_{2n}	…	…	p_{nn}	p_{+n}
分类总和	p_{1+}	p_{2+}	…	…	p_{n+}	p

图 6-1 混淆矩阵示例

其中:

P 为样本总数;

$P_{i+} = \sum_{j=1}^{n} p_{ij}$ 为分类所得到第 i 类的总和;

$P_{+j} = \sum_{i=1}^{n} p_{ij}$ 为实际观测的第 j 类的总和;

$P_i = \sum_{k=1}^{n} p_{kk}/P$ 为总体分类精度;

$P_{uj} = p_{ii}/p_{i+}$ 为用户精度:正确分类/实际分类中的该类错分误差 = 1 - 用户精度;

$p_{Aj} = p_{ij}/p_{+j}$ 为制图精度:正确分类/参考数据中的该类漏分误差 = 1 - 制图精度。

实际上,通常在分类初期实地调查、收集辅助资料、分析遥感图像等工作之后,选择训练区样本时,会有目的地选择较大或较多样本数,一部分作为训练区样本,一部分作为检验样本。基于混淆矩阵的精度指标有以下几个:

1. 总体分类精度

总体分类精度等于被正确分类的像元总和除以总像元数。被正确分类的像元数目沿着混淆矩阵的对角线分布,总像元数等于所有真实参考源的像元总数。

2. Kappa 系数

它是通过把所有真实参考的像元总数(N)乘以混淆矩阵对角线(XKK)的和,减去各类中真实参考像元数与该类中被分类像元总数之积后,再除以像元总数的平方减去各类中真实参考像元总数与该类中被分类像元总数之积对所有类别求和的结果。

3. 错分误差

错分误差指被分为用户感兴趣的类,而实际上属于另一类的像元,错分误差显示在混淆矩阵的行里面。

4. 漏分误差

漏分误差指本属于地表真实分类,但没有被分类器分到相应类别中的像元数。漏分误差显示在混淆矩阵的列里。

5. 制图精度

制图精度或生产者精度是指分类器将整个影像的像元正确分为 A 类的像元数(对角线值)与 A 类真实参考总数(混淆矩阵中 A 类列的总和)的比率。

6. 用户精度

用户精度是指正确分到 A 类的像元总数(对角线值)与分类器将整个影像的像元分为 A 类的像元总数(混淆矩阵中 A 类行的总和)比率。

四、实训演练

[实训名称]

遥感图像监督分类

[实训目的]

1. 理解监督分类方法的基本原理。
2. 掌握利用 ERDAS 进行监督分类的操作流程。
3. 了解分类后评价过程。

[实验数据]

实验 XX/germtm.img

[实训内容]

在 ERDAS 软件中对 TM 影像进行监督分类,并将图像中的植被、水体、居民地等地物特征提取出来。

[实训方法与步骤]

监督分类一般有以下几个步骤：定义分类模板（Define Signatures）、评价分类模板（Evaluate Signatures）、进行监督分类（Perform Supervised Classification）、评价分类结果（valuate Classification）。

（一）定义分类模板

Erdas Imagine 的监督分类是基于分类模板来进行的，而分类模板的生成、管理、评价和编辑功能是由分类模板编辑器来负责的。

在分类模板编辑器中生成分类模板的基础是原图像和其特征空间图像。因此，显示这两种图像的窗口也是进行监督分类的重要组件。

1. 显示需要分类的图像

单击 File—Open—Raster Layer 或在 Viewer 中单击右键—Open Raster Layer…，选择 germtm.img。

2. 打开模板编辑器

单击 Raster 选项卡下，Classification 标签组中的 Supervised 图标，在下拉菜单中单击 Signature Editor，如图 6-2 所示。

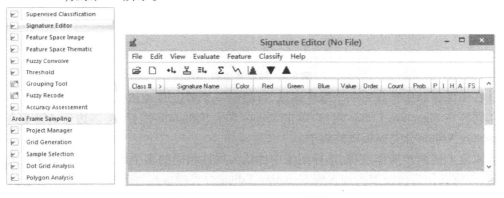

图 6-2　Signature Editor 对话框

由图 6-2 中可以看到有很多字段，有些字段对分类的意义不大，我们不希望显示这些字段，所以要进行如下调整：

在 Signature Editor 窗口菜单条，单击 View|Columns 命令，打开 View signature columns 对话框：

①单击第一个字段的 Column 列并向下拖动鼠标直到最后一个字段，此时，所有字段都被选择上，并用蓝色（缺省色）标识出来。

②按住 Shift 键的同时分别单击 Red、Green、Blue 三个字段，Red、Green、Blue 三个字段将分别从选择集中被清除（图 6-3）。

③单击 Apply 按钮，分类属性表中显示的字段发生变化。

④单击 Close 按钮，关闭 View Signature Columns 对话框。

此时，View Signature Columns 对话框中，Red、Green、Blue 三个字段将不再显示。

图 6-3　清除 Red、Green、Blue 三个字段

3. 获取分类模板信息

可以分别应用 AOI 绘图工具、AOI 扩展工具和查询光标等 3 种方法,在原始图像或特征空间图像获取分类模板信息。

本练习利用 AOI 绘图工具采集训练样本信息。

①单击 Drawing 选项卡,在 Insert Geometry 标签组中选择任意多边形工具,进入 AOI 绘制状态。在视图窗口中选择一种地物类型绘制一个多边形 AOI 区域。

②在 Signature Editor 窗口,单击 Create New Signature 图标 +4,将多边形 AOI 区域加载到 Signature Editor 分类模板属性表中(图 6-4)。

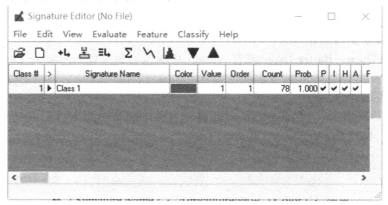

图 6-4　加载多边形 AOI

③在图像窗口中选择另一个绿色区域,再绘制一个多边形 AOI。

④同样在 Signature Editor 窗口,单击 Create New Signature 图标,将多边形 AOI 区域加载到 Signature Editor 分类模板属性表中。

⑤重复上述两步操作过程,选择图像中你认为属性相同的多个绿色区域绘制若上个多边形 AOI,并将其作为模板依次加入到 Signature Editor 分类模板属性表中。

⑥按下 shift 键,同时在 Signature Editor 分类模板属性表中依次单击 Class 字段下面的分类编号,将上面加入的多个绿色区域 AOI 模板全部选定。

⑦在 Signature Editor 工具条,单击 Merge Signature 图标将多个绿色区域 AOI 模板合并,生成一个综合的新模板,其中包含了合并前的所有模板象元属性。

⑧在 Signature Editor 菜单条,单击 Edit/Delete,删除合并前的多个模板。

⑨在 Signature Editor 属性表,改变合并生成的分类模板的属性,包括名称与颜色分类名称(Signature Name):Agriculture/颜色(Color):绿色。

⑩重复上述所有操作过程,根据实地调查结果和已有研究成果,在图像窗口选择多个黑色区域 AOI(水体),依次加载到 Signature Editor 分类属性表,并执行合并生成综合的水体分类模板,然后确定分类模板名称和颜色。

⑪同样重复上述所有操作过程,绘制多个蓝色区域 AOI(建筑)、多个红色区域 AOI(林地)等,加载、合并、命名,建立新的模板(图 6-5)。

⑫如果将所有的类型都建立了分类模板,就可以保存分类模板,单击 File/Save,打开 Save Signature File as 对话框,设置好保存路径与文件名(super.sig),单击 OK 保存。

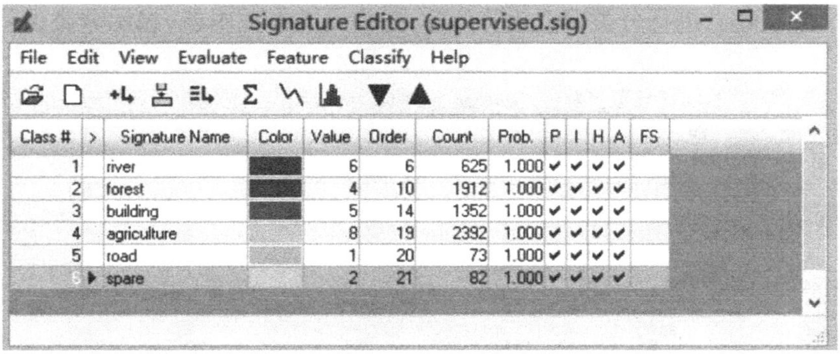

图 6-5 建立新的模板

(二)评价分类模板

分类模板建立之后,就可以对其进行评价,包括删除、更名、与其他分类模板合并等操作。分类模板评价工具包括分类预警、可能性矩阵、特征对象、图像掩膜评价、直方图方法、分离性分析和分类统计分析等工具,这里向大家介绍可能性矩阵评价分类模板的方法。

可能性矩阵(Contingency Matrix)评价工具是根据分类模板分析 AOI 训练样区的像元是否完全落在相应的种别之中。通常都期望 AOI 区域的像元分到它们参与练习的种别当中,实际上 AOI 中的像元对各个类都有一个权重值,AOI 练习样区只是对种别模板起一个加权的作用。可能性矩阵的输出结果是一个百分比矩阵,它说明每个 AOI 练习区中有多少个像元分别属于相应的种别。

可能性矩阵评价工具操作过程如下:

①在 SignatureEditor 分类属性表中选中所有的类别,然后单击 Evaluation→Contingency→Contingency Matrix 命令,弹出如图 6-6 所示的对话框。

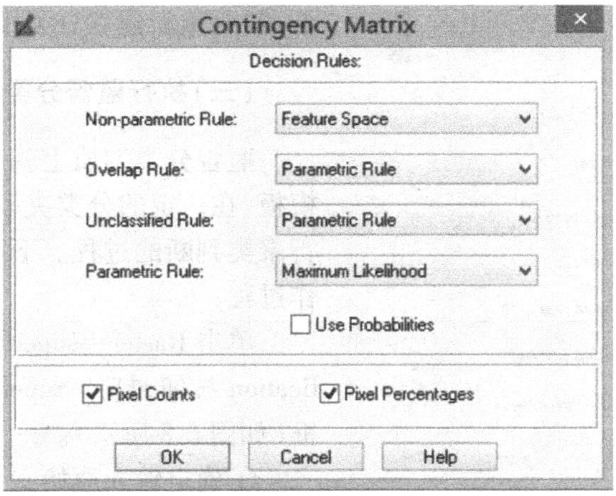

图 6-6 Contingency Matrix 对话框

②在 Contingency Matrix 中,设定相应的分类决策参数。一般设置 Non-parametricRule 参数为 Feature Space,设置 Overlay Rule 参数以及 Unclassified Rule 参数为 Parametric Rule,设置 Parametric Rule 为所提供的 3 种分类方法中的一种均可。同时选中 Pixel Counts 和 Pixel Percentages。

③单击 OK 按钮。进行分类误差矩阵计算，并弹出文本编辑器，显示分类误差矩阵（如图 6-7 所示）。

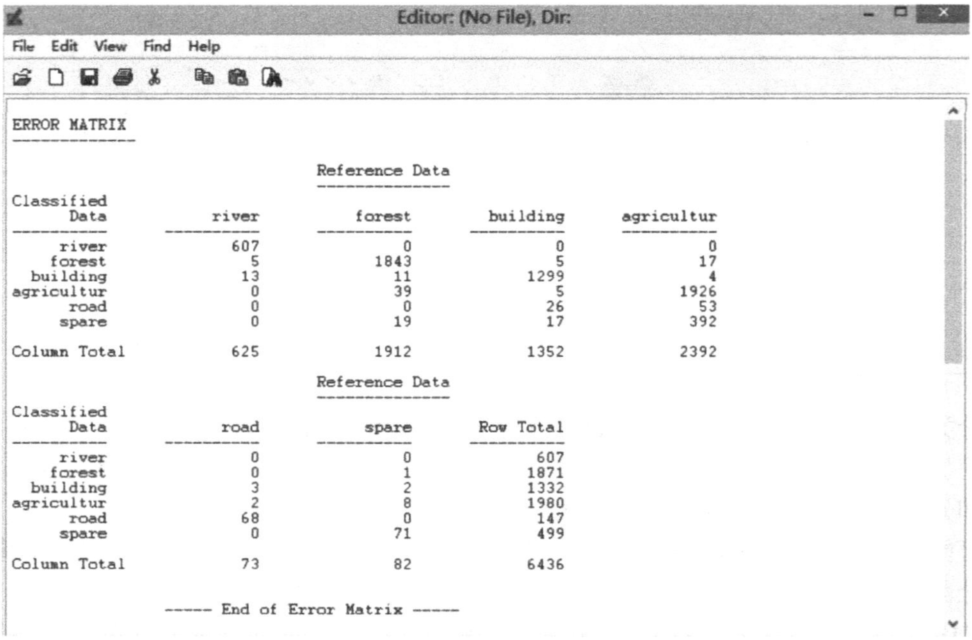

Classified Data	river	forest	building	agricultur
river	607	0	0	0
forest	5	1843	5	17
building	13	11	1299	4
agricultur	0	39	5	1926
road	0	0	26	53
spare	0	19	17	392
Column Total	625	1912	1352	2392

Classified Data	road	spare	Row Total
river	0	0	607
forest	0	1	1871
building	3	2	1332
agricultur	2	8	1980
road	68	0	147
spare	0	71	499
Column Total	73	82	6436

图 6-7　分类模板可能性矩阵评价

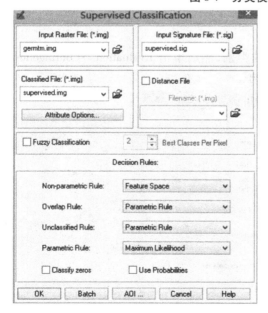

图 6-8　Supervised Classification 对话框

在分类误差矩阵中，表明了 AOI 训练样区内的像元被误分到其他类别的像元数目。可能性矩阵评价工具能够较好地评定分类模板的精度，如果误分的比例较高，则说明分类模板精度低，需要重新建立分类模板。

（三）执行监督分类

监督分类实质上就是依据所建立好的分类模板、在一定的分类决策条件下，对图像像元进行聚类判断的过程。下面是执行监督分类的操作过程：

单击 Raster→supervised→Supervised Classification 按钮，打开 Supervised Classification 对话框（如图 6-8 所示）。

①确定输入原始文件（Input Raster File）为 germtm. img，定义分类输出文件（Classified File）为 supervised. img，确定分类模板文件（Input Signature File）为 supervised. sig。

②选中分类距离文件：Distance File 复选框（用于分类结果进行阈值处理）。定义分类距离文件（Filename）为 super_distance. img。

③选择非参数规则（Non-Parametric Rule）为 Feature Space，选择叠加规则（Overlay Rule）

为 Parametric Rule，选择未分类规则（Unclassified Rule）为 Parametric Rule，选择参数规则（Parametric Rule）为 Maximum Likelihood。

④取消选中 Classify zeros 复选框（分类过程中是否包括 0 值）。

⑤单击 OK 按钮（执行监督分类，关闭 SupervisedClassification 对话框）。

说明：在 Supervised Classification 对话框中，还可以定义分类图的属性表项目（Attribute Options）。通过 Attribute Options 对话框，可以确定模板的哪些统计信息将被包括在输出的分类图像层中。这些统计值是基于各个层中模板对应的数据计算出来的，而不是基于被分类的整个图像。

（四）评价分类结果

1. 分类叠加

分类叠加就是将专题分类图像与分类原始图像同时在一个视窗中打开，将分类专题层置于上层，通过改变分类专题的透明度（Opacity）及颜色等属性，查看分类专题与原始图像之间的关系。对于非监督分类结果，通过分类叠加方法来确定类别的专题特性，并评价分类结果。对监督分类结果，该方法只是查看分类结果的准确性。

2. 分类精度评估

分类精度评估是将专题分类图像中的特定像元与已知分类的参考像元进行比较，实际工作中常常是将分类数据与地面真值、先前的试验地图、航空像片或其他数据进行对比。其操作过程如下：

①在 Viewer 中打开分类前的原始图像，然后在 ERDAS 图标面板工具条中依次单击 Raster→supervised→Accuracy Assessment，启动精度评估，如图 6-9 所示。

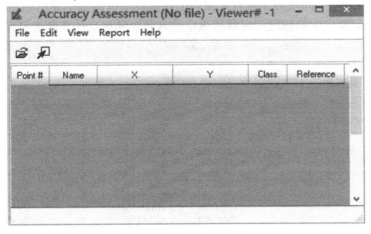

图 6-9　分类精度评估窗口

②在 Accuracy Assessment 窗口，依次单击菜单 File→Open，在打开的 ClassifiedImage 对话框中打开所需要评定分类精度的分类图像，单击 OK 返回 Classified Image 按钮。

③在 Accuracy Assessment 对话框：依次单击菜单 View→Select View，关联原始图像窗口和精度评估窗口。

④在 Accuracy Assessment 对话框：依次单击菜单 View→Change Colors，在 Change Colors 中分别设定 Points with no Reference 以及 Points with Reference 的颜色，如图 6-10 所示。

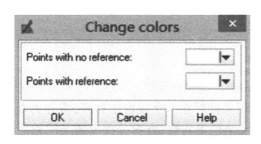
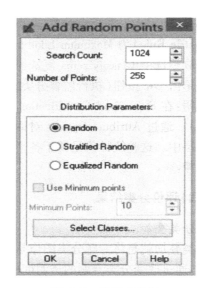

图 6-10　Change Colors 对话框　　　　图 6-11　随机点选择

⑤在 Accuracy Assessment 窗口中,依次单击菜单 Edit→Create/Add Random Points 命令,弹出 Add Random Points 对话框(图 6-11)。

在 Add Random Points 对话框中,分别设定 Search Count 项以及 Number of Point 项参数,在 Distribution Parameters 设定随机点的产生方法为 Random,然后单击 OK 返回精度评定窗口。

⑥在精度评定窗口,单击菜单 View→Show All 命令,在原始图像窗口显示产生的随机点,单击 Edit→Show Class Values 命令在评定窗口的精度评估数据表中显示各点的类别号。

⑦在精度评定窗口中的精度评定数据表中输入各个随机点的实际类别值(图 6-12)。

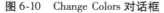

图 6-12　判断随机点类别

⑧在精度评定窗口中的,单击菜单 Report→Options 命令,设定分类评价报告输出内容选项。单击 Report→→Accuracy Report 命令生成分类精度报告,如图 6-13 所示。

通过对分类的评价,如果对分类精度满意,保存结果。如果不满意,可以进一步做有关的修改,如修改分类模板等,或应用其他功能进行调整。

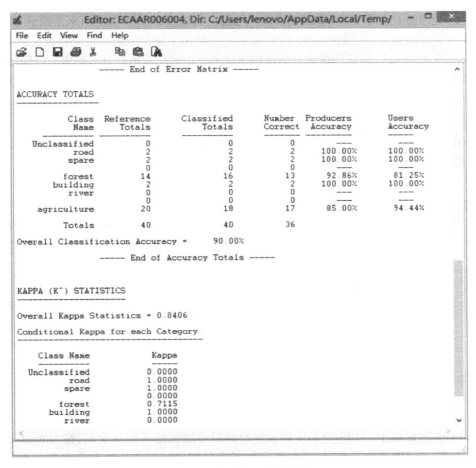

图 6-13 分类精度评定报告

注意:监督分类是利用训练区来获取先验知识,精度较高,特别是当地物类型对应的光谱特征类型差异很小,选择训练样本的工作量较大时,还需注意:

①分类应从下往上,即每一地类应先细分为若干小类,然后再依需要自下而上合并成大类。

②每一类的训练区文件 aoi 与特征文件 sig 应该一一对应,即每一类对应的训练区和特征文件都应该保存为一个单独的文件,以方便在调整训练区的时候进行修改。

③精度检验后若精度不符合要求,需要重新调整训练区,再次分类,直到精度满足要求为止。

(五)分类后处理

由于分类结果中都会产生一些面积很小的图斑,因此无论从专题制图的角度,还是从实际应用的角度考虑,都有必要对这些小图斑进行剔除。ERDAS 系统的 GIS 分析命令中的 Clump、Sieve、Eliminate 等工作可以联合完成小图斑的处理。

1. 聚类统计

聚类统计(Clump)是运用形态学算子将邻近的类似分类区域聚类并合并。分类图像经常缺少空间连续性(分类区域中斑点或洞的存在)。低通滤波虽然可以用来平滑这些图像,但是类别信息常常会被邻近类别的编码干扰,聚类处理解决了这个问题。首先将被选的分类用一个扩大操作合并到一块,然后用参数对话框中指定了大小的变换核对分类图像进行侵蚀操作。

聚类统计是通过对分类专题图像计算每个分类图斑的面积、记录相邻区域中最大图斑面积的分类值等操作,产生一个 Clump 类组输出图像,其中每个图斑都包含 Clump 类组属性。该图像是一个中间文件,用于进行下一步处理。

在 ERDAS IMAGINE 菜单栏选择 Raster→Thematic→Clump,启动聚类统计对话框,设置下列参数,如图 6-14 所示。

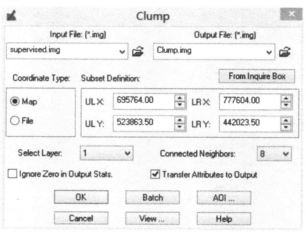

图 6-14　Clump 对话框

在 Clump 对话框中,在 Input File 项设定分类后专题图像名称及全名,在 Output File 项设定过滤后的输出图像名称及路径,并根据实际需求分别设定其他各项参数名称。单击 OK 按钮,执行聚类统计分析,聚类统计后的图像如图 6-15 所示。

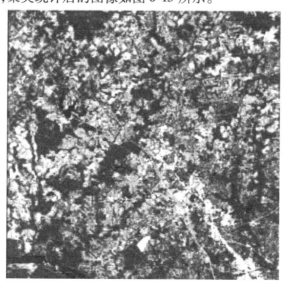

图 6-15　聚类统计后的图像图

2. 过滤分析(Sieve)

在 ERDAS IMAGINE 菜单栏选择 Raster→Thematic→Sieve,启动过滤分析对话框,如图 6-16 所示。

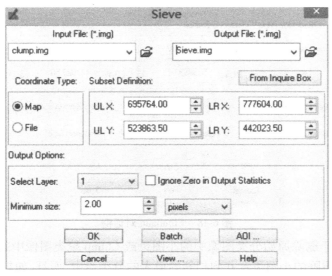

图 6-16　Sieve 对话框

过滤分析(Sieve)功能是对经 Clump 处理后的 Clump 类组图像进行处理,按照定义的数值大小,删除 Clump 图像中较小的类组图斑,并给所有小图斑赋予新的属性值 0。显然,这里引出了一个新的问题,就是小图斑的归属问题。可以与原分类图对比确定其新属性,也可以通过空间建模方法、调用 Delerows 或 Zonel 工具进行处理。Sieve 经常与 Clump 命令配合使用,对于无须考虑小图斑归属的应用问题,有很好的作用,如图 6-17 所示。

图 6-17　Sieve 处理后图像

3. 去除分析(Eliminate)

在 ERDAS IMAGINE 菜单栏选择 Raster→Thematic→Eliminate,启动去除分析对话框,如图 6-18 所示。

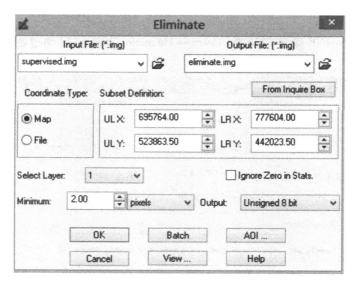

图 6-18 Eliminate 对话框

去除分析是用于删除原始分类图像中的小图斑或 Clump 聚类图像中的小 Clump 类组,与 Sieve 命令不同,将删除的小图斑合并到相邻的最大的分类当中,而且,如果输入图像是 Clump 聚类图像的话,经过 Eliminate 处理后,将小类图斑的属性值自动恢复为 Clump 处理前的原始分类编码。显然,Eliminate 处理后的输出图像是简化了的分类图像。

(六)分类重编码

作为分类后处理命令之一的分类重编码,主要是针对非监督分类而言的,由于非监督分类之前,用户对分类地区没有什么了解,所以在非监督分类过程中,一般要定义比最终需要多一定数量的分类数;在完全按照像元灰度值通过 ISODATA 聚类获得分类方案后,首先是将专题分类图像与原始图像对照,判断每个分类的专题属性,然后对相近或类似的分类通过图像重编码进行合并,并定义分类名称和颜色。当然,分类重编码还可以用在很多其他方面,作用有所不同。

在 ERDAS IMAGINE 菜单栏选择 Raster→Thematic→Recode,启动分类重编码对话框(图 6-19),单击 Setup Recode,弹出 Thematic Recode 对话框(图 6-20),在 New Value 一栏中将相同的类别用相同的数字表示,即进行类别的合并。单击 OK 按钮,关闭 Recode 对话框。

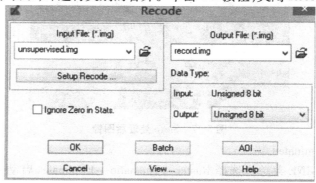

图 6-19 Recode 对话框

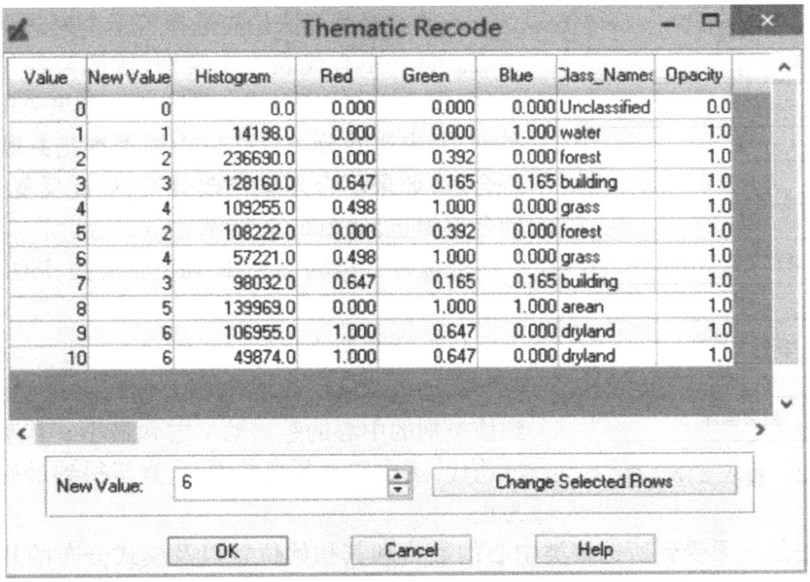

Value	New Value	Histogram	Red	Green	Blue	Class_Names	Opacity
0	0	0.0	0.000	0.000	0.000	Unclassified	0.0
1	1	14198.0	0.000	0.000	1.000	water	1.0
2	2	236690.0	0.000	0.392	0.000	forest	1.0
3	3	128160.0	0.647	0.165	0.165	building	1.0
4	4	109255.0	0.498	1.000	0.000	grass	1.0
5	2	108222.0	0.000	0.392	0.000	forest	1.0
6	4	57221.0	0.498	1.000	0.000	grass	1.0
7	3	98032.0	0.647	0.165	0.165	building	1.0
8	5	139969.0	0.000	1.000	1.000	arean	1.0
9	6	106955.0	1.000	0.647	0.000	dryland	1.0
10	6	49874.0	1.000	0.647	0.000	dryland	1.0

图 6-20　Thematic Recode 对话框

执行图像重编码。输出图像按照 New Value 变换专题分类图像属性，产生新的专题分类图像。在视窗中打开重编码后的专题分类图像，查看其分类属性表。

技能点 2　非监督分类

一、任务分析

非监督分类是以不同影像地物在特征空间中类别特征的差别为依据的一种无先验类别标准的图像分类，是以集群为理论基础，通过计算机对图像进行集聚统计分析的方法。根据待分类样本特征参数的统计特征，建立决策规则来进行分类。

二、知识学习

（一）非监督分类概念

非监督分类又称聚类分析，是指事先对分类过程不施加任何的先验知识，仅凭遥感影像地物的光谱特征的分布规律，随其自然地进行盲目地分类。其分类结果只是对不同类别达到了区分，并不确定类别的属性，其属性是通过事后对各类的光谱响应曲线进行分析，以及与实地调查比较后确定的。

非监督分类常常用于对分类区域没有什么了解的情况。由于人为干预较少，非监督分类过程的自动化程度较高。非监督分类主要是采用聚类分析方法，聚类是把一种像素按照相似性归成若干类别，即“物以类聚”。它的目的是使得属于同一类别的像素之间的距离尽可能小，而不同类别的像素间的距离尽可能大。

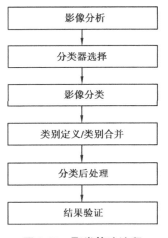

图 6-21 聚类算法流程

一般的聚类算法是先选择若干个模式点作为聚类的中心。每一中心代表一个类别,按照某种相似性度量方法(如最小距离方法)将各模式归于各聚类中心所代表的类别,形成初始分类。然后由聚类准则判断初始分类是否合理,如果不合理就修改分类,如此反复迭代运算,直到合理为止,如图 6-21 所示。

非监督分类的方法:K-均值聚类法、ISODATA 聚类分析法、平行管道聚类分析法。

1. K-均值聚类法

K-均值算法的聚类准则是使每一聚类中,多模式点到该类别的中心的距离的平方和最小。其基本思想是通过迭代,逐次移动各类的中心,直至得到最好的聚类结果为止。

这种算法的结果受到所选聚类中心的数目和其初始位置以及模式分布的几何性质和读入次序等因素的影响,并且在迭代过程中又没有调整类数的措施,因此可能产生不同的初始分类得到不同的结果,这是这种方法的缺点。可以通过其他的简单的聚类中心试探方法,如最大最小距离定位法,来找出初始中心,提高分类效果。

2. ISODATA 聚类分析法

ISODATA(Iterative Self-Organizing Data Analysis Techniques Algorithm)算法也称为迭代自组织数据分析算法。

ISODATA 算法是建立在 K-均值算法的基础上的,它与 K-均值算法有两点不同。

一是它不是每调整一个样本的类别就重新计算一次各类样本的均值,而是在每次把所有样本都调整完毕之后才重新计算一次各类样本的均值,前者称为逐个样本修正法,后者称为成批样本修正法。

二是 ISODATA 算法不仅可以通过调整样本所属类别完成样本的聚类分析,而且可以自动地进行类别的"合并"和"分裂",从而得到类数比较合理的聚类结果。

其基本思想是通过设定初始参数而引入人机对话环节,并使用归并与分裂的机制,当某两类聚类中心距离小于某一阈值时,将它们合并为一类,当某类标准差大于某一阈值或其样本数目超过某一阈值时,将其分为两类。在某类样本数目少于某阈值时,须将其取消。如此,根据初始聚类中心和设定的类别数目等参数迭代,最终得到一个比较理想的分类结果。

(1) 聚合法

遥感图像分类的对象是像元,统计分类的指标是像元的灰度差异。如果按 8 位灰度级计算,最多可将全部像元分成 256 级,以此作为初始类别数显然不合理。于是在应用聚合法图像分类时应先给出一个粗糙的初始分类,然后使用某种原则进行修改,直到分类比较合理为止。动态聚类开始时多按某些原则设法选择一些初始类中心,而让待分像元依某些判别准则向初始类中心聚集,第一次分类之后,调整各类中心,重新进行第二次分类,对第一次分类进行修改。如此反复进行,直到满意为止。

分类的关键是循环迭代过程的控制,包括数目控制、参数选择和分类终止的条件。

非监督分类流程(图 6-22)为:

①确定最初类别数和类别中心(任意的,随机的);
②计算每个像元对应的特征矢量与各聚类中心的距离;
③选与其中心距离最近的类别作为这一矢量(像元)的所属类别;
④计算新的类别均值向量;
⑤比较新的类别均值与原中心位置的变化,形成新的聚类中心;重复②,反复迭代;如聚类中心不再变化,停止计算。

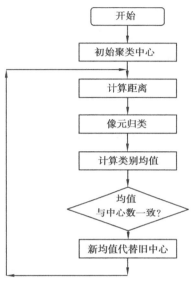

图 6-22 非监督分类流程

(2)分裂法

分裂法主要通过初始类别中心确定、分类准则的确定、类别分裂和控制分类过程结束几个流程完成分类。

3. 平行管道聚类分析法

平行管道聚类分析法以地物的光谱特性曲线为基础,假定同类地物的光谱特性曲线相似作为判别的标准。设置一个相似阈值,这样,同类地物在特征空间上表现为以特征曲线为中心,以相似阈值为半径的管子,此即为所谓的"平行管道"。

这种聚类方法实质上是一种基于最邻近规则的试探法。使用简单的分类规则进行多光谱遥感图像的分类,决策线在 n 维光谱空间中是一个平行的管道,管道的直径根据距离平均值的标准差确定。如果某个像元落在某一类的平行管道的阈值范围内,则划分到该类别中;如果落在多个类中,则将这个像元划分到最匹配的类别中;落不到任何管道中,则识别为未分类像元。

三、参考方案

ERDAS IMAGE 使用 ISODATA 算法(基于最小光谱距离公式)来进行非监督分类。聚类过程始于任意聚类平均值或一个已知分类模板的平均值;聚类每重复一次,聚类的平均值就更新一次,新聚类的均值再用于下次聚类循环。ISODATA 实用程序不断重复,直到循环次数已达到设定的阈值,或者两次聚类结果相比,首先需要调用系统提供的非监督分类方法进行初步分类,获得初步分类结果,而后再将初步分类结果进行一系列的调整分析,得到最终的分类结果。

四、实训演练

[实训名称]
遥感图像非监督分类
[实训目的]
1. 进一步理解计算机图像分类的基本原理及非监督分类的过程;
2. 熟练对多遥感图像进行监督分类
[实验数据]
实验 XX/germtm.img
[实训内容]
在 ERDAS 软件中,对 TM 影像进行非监督分类,并将图像中的植被、水体、居民地等地物特征提取出来。
[实训方法与步骤]

(一)获取初始分类

1. 启动非监督分类
启动非监督分类对话框,选择 Raster→Unsupervised→Unsupervised Classification。
2. 进行非监督分类(图 6-23)

图 6-23　Unsupervised Classification 对话框

在 Unsupervised Classification 对话框中进行下列设置。

①确定输入文件(Input Raster File)为 germtm.img(被分类的图像)。
②确定输出文件(Output File)为 Unsupervised.img(产生的分类图像)。
③选择生成分类模板文件:Output Signature Set(产生一个模板文件)。
④确定分类模板文件(FileName)为 Unsupervised.sig。
⑤确定聚类参数(Clustering Options),确定初始聚类方法与分类数。
⑥确定初始分类数(Number of Classes)为 10。
⑦单击 Initializing Options 按钮,打开 File Statistics Options 对话框。设置 ISODATA 的统计参数:选中 Diagonal Axis 选项,选中 Std Deviations 选项并设为 1。关闭 File StatisticsOptions 对话框。
⑧单击 Color Scheme Options 按钮,打开 Output Color Scheme Options 对话框,设置分类图像彩色属性。
⑨确定处理参数(Processing Options),需要确定循环次数与循环阈值。
注意:定义最大循环次数(Maximum Iterations)为 10;设置循环收敛阈值(Convergence Threshold)为 0.95。
⑩单击 OK 按钮(关闭 Unsupervised Classification 对话框,执行非监督分类)。非监督分类过程执行结束后,单击执行进度对话框 OK 按钮,完成非监督分类。

(二)调整分类结果

获得一个初步的分类结果以后,可以应用分类叠加(Classification overlay)方法来评价分类结果、检查分类精度、确定类别专题意义、定义分类色彩,以便获得最终的分类结果,具体步骤如下。

1. 显示原图像与分类图像

在 ERDAS IMAGINE 视窗下,打开 germtm.img 和分类结果 unsupervised.img。注意:在打开 germtm.img 时,在 File 选项卡中选择了图像之后,在 RasterOption 选项卡中的 Layers to Colors 设置显示方式为红(4)、绿(5)、蓝(3)。设置完成后在窗口中同时显示 germtm.img 和 unsupervised.img,右键单击 unsupervised.img,在弹出的菜单中选择 Raise to Top 选项,将其叠加在 germtm.img。

2. 调整属性字段显示顺序

在 ERDAS IMAGINE 界面左侧的 Contents 中选中 result 图层,然后在菜单栏中选择 Table→Show Attributes,打开它的属性表。属性表中的记录分别对应生成的 10 类目标,每个记录都有一系列的字段,拖动浏览条可以看到所有字段。为了便于看到关注的重要字段,可以按照如下操作字段显示顺序。

选择 Table→Columm Properties,打开 Columm Properties 对话框(图 6-24)。

在 Columm 中选择需要调整显示顺序的字段,单击 Up、Down、Top、Bottom 等几个按钮可调整其位置,通过选择 Display Width 调整其显示宽度,通过 Alignment 调整其对齐方式。如果选择 Editable 复选框,则可以在 Title 中修改各个字段的名字及其他内容。在 Columm Properties 对话框中调整字段顺序,最后使 Histogram、Opacity、Color、Class_Name 四个字段依次排在前面,如图 6-24 所示。然后单击 OK 按钮,关闭 Columm Properties 对话框。

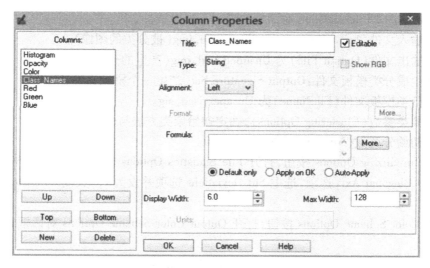

图 6-24　属性列表对话框

3. 给各个类别赋颜色

在属性对话框中点击一个类别的 Row 字段从而选中该类别,然后右键单击该类别的 Color 字段(颜色显示区),选择一种合适的颜色。重复以上步骤直到给所有类别赋予合适的颜色,赋色效果如图 6-25 所示。

图 6-25　赋色效果

4. 设置不透明度

由于分类图像覆盖在原图像上面,为了对单个类别的判别精度进行分析,首先要把其他所有类别的不透明程度(Opacity)值设为 0(即改为透明),而要分析的类别的透明度设为 1(即不透明)。

方法为:在分类图像属性对话框中右键单击 Opacity 字段的名字,在 Column Options 菜单单击 Formula 项,从而打开 Formula 对话框(图 6-26)。在 Formula 对话框的输入框中(用鼠标单击右上数字区)输入 0,点击 Apply 按钮(应用设置)。返回 Raster Attribute Editor 对话框,单击一个类别的 Row 字段从而选择该类别,单击该类别的 Opacity 字段从而进入输入状态,在该类别的 Opacity 字段中输入1,并按回车键。此时,在视窗中只有要分析类别的颜色显示在原图像的上面,其他类别都是透明的。

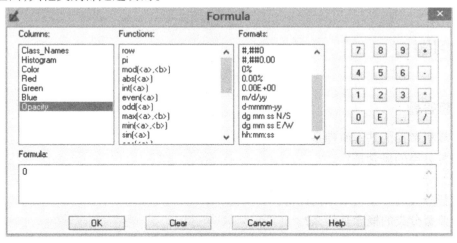

图 6-26　属性列表变量设置对话框

5. 确定类别专题意义及其准确程度

选择 Home→Swipe→Flicker,打开 Viewer Flicker 对话框,在 Transition Type 中单击任意检验方式控件,观察各类图像与原图像之间的对应关系。

6. 标注类别的名称和相应颜色

由于初始图像是灰度图像,各类别的显示灰度是系统自动赋予的。为了提高分类图像的直观表达效果,需要重新定义类别颜色。

在 Raster Attribute Editor 对话框中点击之前分析类别的 Row 字段,从而选中该类别,在该类别的 Class Names 字段中输入其专题意义(如水体),并按回车键。右键单击该类别的 Color 字段(颜色显示区),选择一种合适的颜色(如水体为蓝色)(图6-27)。

图 6-27　输入判断的类型

重复以上4、5、6三步直到对所有类别都进行了分析与处理。注意,在进行分类叠加分析时,一次可以选择一个类别,也可以选择多个类别同时进行。如果经过上述6步操作获得了比较满意的分类,非监督分类的过程就可以结束,反之,就需要进行分类后处理。

习题6

一、简答题

1. 计算机解译的基本原理是什么?
2. 监督分类的概念是什么?
3. 监督分类过程是什么?
4. 监督分类的分类结果如何评价?
5. 非监督分类的概念是什么?
6. 非监督分类过程是什么?
7. 非监督分类的分类方法包括哪些?
8. 非监督分类与监督分类的区别是什么?

二、实践练习

应用 ERDSA IMAGING 软件对遥感图像分别进行监督分类及非监督分类,并对分类结果进行比较。

考核评价

考核评价表

专业班级		姓名	
实训地点		学号	
实训项目			
实训时间	_____年_____月_____日星期_____第_____至_____节		
实训目的			
实训内容及步骤	(可另附页)		
实训体会与总结	(可另附页)		

续表

实训要点	知识:1. 遥感图像监督分类与非监督分类的原理 　　　2. 遥感图像监督分类与非监督分类的过程 技能:1. 监督分类的实施与分类后处理 　　　2. 非监督分类的实施 素质:1. 自主学习,分析问题、解决问题的能力 　　　2. 独立完成工作任务
实训成绩	优秀□　　良好□　　中等□　　及格□　　不及格□ 　　　　　　　　　　　　　　　　签名:_____ 　　　　　　　　　　　　　　　　_____年_____月_____日

模块 7

遥感专题图制作

知识目标：
(1) 理解遥感影像地图的特征。
(2) 掌握利用 ERDAS 软件制作专题图的方法。

技能目标：
(1) 掌握计算机遥感专题制图的过程。
(2) 学会制作土地利用分类图。

素质目标
(1) 增强学生善于解决问题的实践能力。
(2) 培养学生严谨治学的求实精神。
(3) 激发学生科技报国的国家情怀和使命担当。

模块导入：

在生活中留意观察的话，经常会见到各种专题地图，如火车站的"全国高铁路线图"，城市宣传册上的"景点分布图"，地理书上的"年降水量分布图"等。专题图是突出反映一种或几种主体要素的地图，这些主体要素多是根据专门用途的需要确定的，它们应表达得很详细，其他的地理要素则根据表达主体的需要作为地理基础叠绘。遥感专题地图是指在计算机制图环境下，利用遥感资料编制各类专题地图，它是遥感信息技术在测绘制图和地理研究中的主要应用之一。如何利用现有的遥感数据根据需求制作专题图？专题图的制作需要添加哪些要素？设置各参数时需要注意哪些问题？这是本模块需要解决的问题。

专题图其内容、形式多种多样，能够广泛应用于国民经济建设、教学和科学研究、国防建设等方面。通过学习遥感专题图的相关知识，提升学生对专题图的理解；根据需求制作专题图，将理论知识与专业、实际相结合，一方面提升了学生自主学习的能力，另一方面加强了学生对地图的认识，规范使用地图，对地图应带有敬畏之心。

技能点 专题图制作

一、任务分析

遥感专题制图是指对遥感影像进行处理获取专题信息，并将专题信息绘制成专题图，包括图例、比例尺、指北针等元素。利用遥感处理软件，根据需求进行专题图的制作。

二、知识学习

遥感影像地图是一种以遥感影像和一定的地图符号来表现制图对象地理空间分布和环境状况的地图。在遥感影像地图中,图面内容要素主要由影像构成,辅助以一定地图符号来表现或说明制图对象。

(一)遥感影像地图特征

1. 丰富的信息量

与普通线化图相比,没有信息空白区域,彩色影像地图的信息量远远超过线化图,利用遥感影像地图,可以判断出大量制图对象的信息,因此,遥感影像地图具有补充和替代地形图的作用。

2. 直观形象性

遥感影像是制图区域地理环境与制图对象进行"自然概括"后的构成,通过正射投影纠正和几何纠正等处理后,它能够直观形象地反映地势的起伏、河流蜿蜒曲折的形态,增加了影像地图的可读性。

3. 具有一定数学基础

经过投影纠正和几何纠正处理后的遥感影像,每个像素点具有自己的坐标位置,根据地图比例尺坐标网可以进行量测。

4. 现势性强

遥感影像获取地面信息快,成图周期短,能够反映制图区域当前的状况,具有很强的现势性。对于人迹罕至地区,如雪山、原始森林、沼泽地、沙漠、崇山峻岭等,利用遥感影像制作遥感影像地图,更能显示出遥感影像地图的优越性。

(二)遥感影像制图

遥感影像制图是采用综合制图原理和方法,根据制图的目的,以遥感资料为基础信息源,结合其他的专题资料,按照所要求的分类原则与制图比例尺,反映与主题相关的一种或几种要素的内容的一种图件。

遥感专题制图的信息源是多重数据的综合分析。目前,在遥感专题制图应用过程中,广泛使用的均是以遥感数据的光谱特征为基础的多光谱信息源。

遥感专题图的制作过程有五个方面。首先要准备专题制图数据,如栅格图像数据、矢量图形数据、文字注记数据等;其次生成专题制图文件;确定专题制图范围;图面整饰要素是专题图的必备要素,如绘制格网线和坐标注记、绘制地图比例尺、绘制地图图例、绘制指北针、放置地图图名、书写地图说明注记、保存专题制图文件;最后打印输出专题地图。

(三)计算机辅助遥感制图的基本过程和方法

1. 遥感影像信息选取与数字化

根据影像制图要求,选取合适时相、恰当波段与制订地区的遥感图像,需要镶嵌的多景遥感图像宜选用同一颗卫星获取的图像或胶片,选用非同一颗卫星图像时,也应选择时相接近的图像或胶片,检查所选的影像质量,制图区域范围不应有云或云量低于10%。

对于航空相片或影像胶片,需要数字化。扫描的图像反差应适中,尽量保持原图像信息不损坏。

2. 地理基础地图的选取与数字化

如果采用地理基础底图对影像进行几何校正,需要先对地理底图数字化处理。

3. 遥感影像几何校正和图像处理

几何校正的目的是提高遥感影像与地理基础底图的复合精度,遥感影像几何校正精度与在遥感影像和地形图上选取同名地物控制点密切相关。进行影像校正时,校正的影像应附有地理坐标,图像的灰度动态范围可不做调整。

图像处理的目的是消除影像噪声、减少云朵,增强影像中专题内容。

4. 遥感影像镶嵌与地理基础底图拼接

如果制图区域范围很大,一景遥感影像不能覆盖全部区域或一幅地理基础底图不能覆盖全部区域,就需要进行遥感影像镶嵌或地理基础底图拼接。镶嵌后的影像应是一幅信息完整、比例尺统一和灰度一致的图像。

多幅地理基础底图拼接可以利用 GIS 提供的底图拼接功能进行,依次利用两张底图相邻的四周角点地理坐标进行拼接,将多幅地理基础底图拼接成一幅信息完整、比例尺统一的制图区域底图。

5. 遥感影像与地理基础底图复合

遥感影像与地理基础底图的复合是将同一区域的图像与图形准确套合,但他们在数据库中仍然是以不同数据层的形式存在的。遥感影像与地理基础底图复合的目的是提高遥感影像底图的定位精度和判读效果,如将数字专题图与卫星数字图像进行重合叠置。

6. 符号注记图层生成

地图符号可以突出地表现制图区域内一种或几种自然要素或社会经济要素,如人口密度、行政区划界线等,以弥补遥感影像在某些信息提取方面的不足。

注记是对某种地物属性的补充说明,如在影像图上可注记街道、山峰和河流名称,这些注记可以提高影像地图的易读性。符号与注记可以利用图形软件交互式添加在新的数据图层中。

7. 影像地图图面配置

图面配置的要求是保持影像地图上信息量均衡和便于用图者使用。合理设计与配置地图图面可以提高影像地图表现的艺术性。图面配置包括以下内容:

①影像地图放置的位置。一般将影像地图放在图的中心区域,以引人注意。

②添加影像标题。影像标题是对制图区域与影像特征的说明,影像标题字号要醒目,通常放在影像图上方或左侧。

③配置图例。为便于阅读遥感影像,需要增加图例来说明每种专题内容。图例一般放在影像地图中的右侧或下部位置。

④配置参考图。参考图可以对影像图起到补充或者说明作用。参考图可以作为平衡图面的一种手段,放在图的四周任意位置。

⑤放置比例尺。影像地图上某线段的长度与实地相应线段的水平长度之比称为比例尺。比例尺一般放在影像图下部右侧。

⑥配置指北箭头。指北箭头可以说明影像图的方向,通常将指北箭头放在影像图右侧。

⑦图幅边框生成。影像图幅边框是对影像区域的界定,可以根据需要制定图幅边框线宽与边框颜色。

8. 遥感影像地图制作与印刷

遥感影像地图原图生成过程:影像与数据底图、符号注记图层、图面配置数字图层精度配准,配准时可以利用各个图层的同名地物点作为控制点,保证同名控制点精确重合,同名地物点配准允许最大误差小于1个像元。然后,计算机与彩色打印机连接后,遥感影像数据直接可以送到打印机上输出。

三、参考方案

ERADS IMAGINE 的专题地图编辑器(Map Composer)是一种所见即所得(WYSIWYG—What You See Is What You Get)编辑器,用于产生相当于地图质量的图像和演示图,这种地图可以包含单个或多个栅格图像层、GIS专题图层、矢量图形层和注记层。同时,地图编辑器允许自动生成文本、图例、比例尺、格网线、标尺点、图廓线、符号及其他制图要素,可以选择1 600万种以上的颜色、多种线划类型和60种以上的字体。

ERADS IMAGINE 专题制图过程一般包括6个步骤:

①根据工作需要和制图区域的地理特点,进行地图图面的整体设计,设计内容包括图幅大小尺寸、图面布置方式、地图比例尺、图名及图例说明等;

②准备专题制图输出的数据层,在视窗中打开有关的图像或图形文件;

③启动地图编辑器,正式开始制作专题地图;

④确定地图的内图框,同时确定输出地图所包含的实际区域范围,生成基本的制图输出图面内容;

⑤在主要图面内容周围,放置图廓线、格网线、坐标注记,以及图名、图例、比例尺、指北针等图廓外要素;

⑥设置打印机,打印输出地图。

四、实训演练

[实训目的]

1. 掌握遥感专题制图的方法。
2. 掌握专题制图的组成要素及其布局。

[实验数据]

Modeler_output. img 用于专题地图编辑

[实训内容]

1. 专题地图编辑过程(Process of Map Composition)
2. 制图文件路径编辑(Edit Map Composition Path)
3. 系列地图编辑工具(Map Series Tool)

[实训方法与步骤]

1. 准备专题地图数据(Prepare the Data Layer)

在视窗中打开所有要输出的数据层,包括栅格图像数据、矢量图形数据、文字注记数据等。视窗菜单条:File / Open / Raster Layer,打开图像 Modeler_output.img。

2. 产生专题制图文件(New Map Composition)

在 ERDAS 图标面板工具条中,单击 Composer 图标 ,选择 New Map Composition,打开 New Map Composition 对话框,如图 7-1 所示。

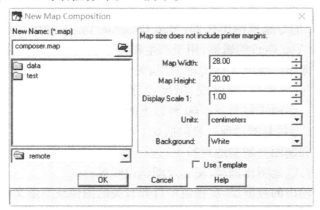

图 7-1　New Map Composition 对话框

在 New Map Composition 对话框中,定义下列参数:

设置专题制图文件名(New Name)为 composer.map,输出图幅宽度(Map Width)为 28,输出图幅高度(Map Height):20;地图显示比例(Display Scale):1;图幅尺寸单位(Unit):centimeters;地图背景颜色(Background):white。

设置完成后,单击 OK,关闭 New Map Composition 对话框。打开 Map Composer 视窗和 Annotation 工具面板。

如图 7-2 所示,地图编辑视窗由菜单条(Menu Bar)、工具条(Tool Bar)、地图窗口(Map View)和状态条(Status Bar)组成,其中,注记工具面板(Annotation Tool Palette)是从菜单条中调出来的一部分编辑功能。每当产生一个新的专题制图文件时,注记工具面板就会自动打开。

注记工具面板还可以分别从视窗菜单条(Viewer Menu Bar / Annotation / Tools)和地图编辑视窗菜单条(Map / Composer Menu Bar / Annotation / Tools)中打开,该工具面板可以在注记层或地图上放置矩形、多边形、线划等图形要素,还可以放置比例尺、图例、图框、格网线、标尺点、文字及其他要素。注记工具面板的尺寸以及其中集成的工具取决于相应缺省值的设定。

3. 绘制地图图框

地图图框用于确定专题制图的范围及内容,图框中可以包含栅格图层、矢量图层、注记层等。绘制图框以后,虽然其中显示了所确定的数据层,但是数据本身并没有被拷贝,只是与视窗建立了一种链接关系,将视窗中的图层显示出来而已。

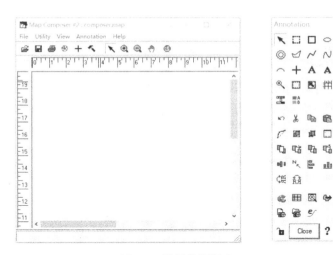

图 7-2　地图编辑视窗

地图图框的大小取决于三个要素：

①制图范围(Map Area)：制图范围是指图框所包含的图像面积(实地面积)，使用地面实际距离单位；

②图纸范围(Frame Area)：图纸范围是指图框所占地图的面积(图面面积)，使用图纸尺寸单位；

③地图比例(Scale)：地图比例是指图框距离与所代表的实际距离的比值，实质上就是制图比例尺。

在 Annotation 工具面板上单击 Create MapFram 图标 ，在地图编辑视窗的图形窗口中，按住鼠标左键拖动绘制一个矩形框(图框大小随后还可以调整，如果想绘制正方形，可以在拖动鼠标时按住 Shift 键)。释放鼠标左键后，完成图框绘制，自动打开 Map Frame Data Source 对话框(图 7-3)。

图 7-3　Map Frame Data Source 对话框

单击 Viewer(从视窗中获取数据填充 Map Frame)，打开 Create Frame Instructions 指示器，如图 7-4 所示。

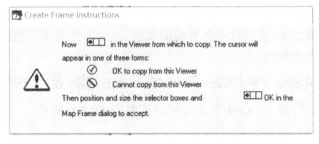

图 7-4　Create Frame Instructions 指示器

在显示图像的视窗中任意位置单击左键,表示对该图像进行专题制图,打开 Map Frame 对话框,如图 7-5 所示。

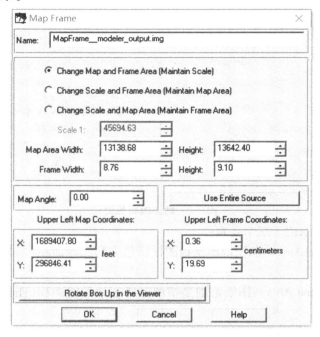

图 7-5 Map Frame 对话框

在 Map Frame 对话框中定义下列参数:
- Change Map and Frame Area(改变制图范围与图框范围,保持比例尺不变);
- Frame Width:24,Frame Height:16(Map Area Width & Height 相应变化);
- Change Scale and Frame Area(改变比例尺与制图范围,保持图框范围不变);
- Change Scale and Map Area(改变比例尺与图框范围,保持制图范围不变);
- Map Area Width:1313.60.00,Height:13624.40(所添尺寸由图框与比例决定);
- 地图旋转角度(Map Angle):0;
- 地图左上角坐标(Upper Left Map Coordinates):X:1700000.00 / Y:290000.00;
- OK(关闭 Map Frame 对话框,完成地图图框绘制)。

制图编辑视窗的图形窗口中显示出图像 Modeler output.img 的输出图面;在 Map Compoer 菜单条上单击 View,选择 Scale,单击 Map to Window,将输出图面充满整个视窗。

4. 放置图面整饰要素(Place Map Decorations)

地图图框确定了专题制图图面的主要内容与区域,在此基础上,放置图廓线、格网线、坐标注记、图名、图例、指北针、比例尺等各种辅助要素,以使图面美观实用。

(1)绘制格网线与坐标注记

在 Annotation 工具面板上单击 Create Grid/Ticks 图标 ⊞ ,在位于地图编辑视窗图形窗口中的图框内单击左键,打开 Set Grid/Tick Info 对话框,如图 7-6 所示。

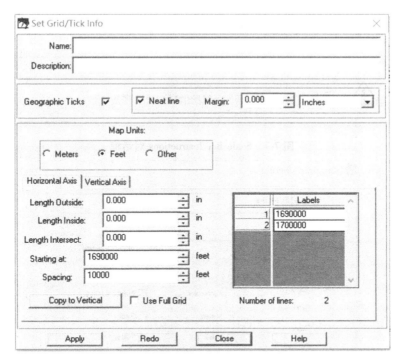

图 7-6　Set Grid/Tick Info 对话框

在 Set Grid/Tick Info 对话框中,需要设置下列参数:
- 格网线与坐标注记要素层名称(Name):composer grid
- 格网线与要素层描述(Description)Ttick:neatline of composer
- 选择放置地理坐标注记要素:Geographic Ticks
- 选择放置地图图廓线要素:Neat Line
- 设置图廓线与图框的距离及单位(Margin):0.200 Centimeters
- 选择制图单位(Unit):Feet(是图像或线划的实际单位)
- 定义水平格网线参数(Horizontal Axis)

→图廓线之外格网线长度((Length Outside):0

→格网线起始地理坐标值((Starting at):1700000 Feet(实地坐标及单位)

→格网线之间的间隔距离((Spacing):1000 Feet(实地距离及单位)

→选择使用完整格网线:Use Full Grid

设置完成后,对话框中会显示格网线的数轴和坐标注记的数值。
- 定义垂直格网线参数(Vertical Axis)

可以按照类似水平格网线参数设置过程设置垂直格网线参数,如果垂直格网线参数与水平格网线相同,将水平参数 Copy 到垂直方向:单击 Copy to Vertical 按钮,完成后单击 APPLY 按钮,应用参数设置、格网线、图廓线与坐标注记将显示在图形窗口,如果制图效果满意,单击 Close,关闭 Set Grid/Tick Info 对话框。

(2)绘制地图比例尺

Annotation 工具面板:单击比例尺图标 ▦ ,在位于地图编辑视窗图形窗口下的空白位置单击左键,打开 Scale Bar Instructions 对话框(图7-7),然后在地图编辑视窗图形窗口单击鼠标左键,弹出 Scale Bar Properties 对话框,如图7-8所示。

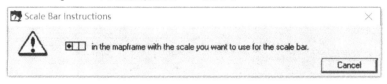

图7-7 Scale Bar Instructions 对话框

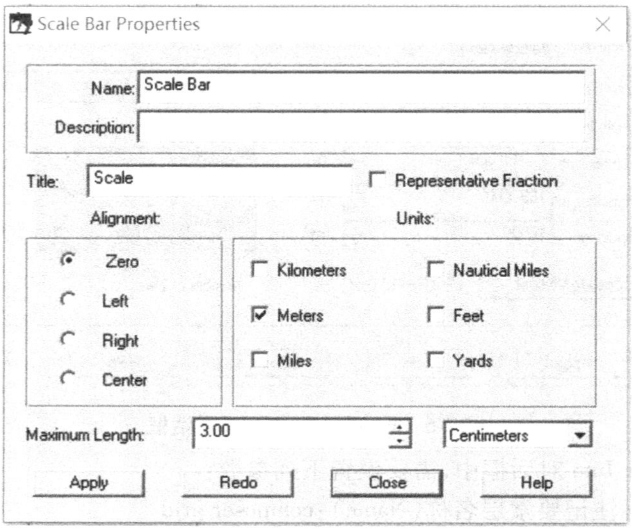

图7-8 Scale Bar Properties 对话框

在 Scale Bar Properties 对话框中,需要定义下列参数:

→确定比例尺要素名称(Name):Scale Bar

→定义比例尺要素描述(Description):Scale Bar for Composer

→定义比例尺标题(Title):比例尺

→确定比例尺排列方式(Alignment):Zero

→确定比例单位(Units):Meters

→定义比例尺长度(Maximum Length):3 centimeters

→APPLY(应用上述参数绘制比例尺,保留对话框状态)

如果不满意,可以重新设置上述参数,然后点击 Redo,更新比例尺:

→Close(关闭 Scale Bar Properties 对话框,完成比例尺绘制)

说明:比例尺是一个组合要素(Group of Elements),如果要进行局部修改的话,需要首先解散(Ungroup)要素组合,然后编辑单个要素。

(3)绘制地图图例

在 Annotation 工具面板上,单击 Create Legend 图标 ，在 Map Composer 视窗的图形窗口中合适的位置单击左键,定义放置图例左上角位置,打开 Legend Instruction 指示器(图7-9)。

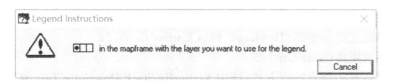

图 7-9　Legend Instruction 指示器

在 Map Composer 视窗的图形窗口制图框中单击左键,指定绘制图例的依据,打开 Legend Properties 对话框(图 7-10)。

图 7-10　Legend Properties 对话框

在 Legend Properties 对话框中,需要分别设置下列参数:

- 基本参数(Basic Properties):

→图例要素名称(Name):Legend

→图例要素描述(Description):Legend for Composer

→图例表达内容(Legend Layout):改变图例中的 CIass Name 等内容

- 标题参数(Title Properties):

→标题的内容(Title Content):图例

→选择标题有下划线:Underline Title

→标题与下划线的距离(Title / Underline Gap):2 points

→标题与图例框的距离(Title / Legend Gap):12 points

→标题排列方式(Titlt Alignment):Centered

→图例尺寸单位(Legend Unit):Point

- 竖列参数(Columns Properties):

→选择多列方式:Use Multiple Column

→每列多少行(Entries per Column):15

→两列之间的距离(Gap Between Column):20

→两行之间的距离(Gap Between Entries):7.5

→首行与标题之间的距离(Heading / First Entries Gap):12

→文字之间的距离(Text Gap):5

→选择说明字符的垂直排列方式:选中 Vertically Stack Descriptor Text 复选框

• 色标参数(Color Patches):

→将色标放在文字左边:Place Patch Left of Text

→使用当前线型绘制色标外框:Outline Color/Fill Patch

→使用当前线型绘制符号、线划及文字外框:Outline Symbol Line Text Patch

→色标宽度(Patch Width):30 points

→色标高度(Patch Height):10 points

→色标与文字之间的距离(Patch / Text Gap): 10 points

→色标与文字的排列方式(Patch / Text Alignment):Centered

→图例单位(Legend Units):Points(该单位适用于上述所有参数)

→APPLY(应用上述参数放置图例,保留对话框状态)

如果不满意,可以重新设置上述参数,然后单击 Redo,更新图例

→Close(关闭 Legend Properties 对话框,完成图例要素放置)

说明:图例也是一个组合要素(Group of Elements),如果要进行局部修改时,需要首先解散(Ungroup)要素组合,然后编辑单个要素。

(4)绘制指北针

• 确定指北针符号类型(Symbol Styles):

在 Annotation 控制面板上,单击 Styles 图标 ,打开 Styles for Composer 对话框,选择 Symbol Styles(符号类型),选择 Other(其他类型),打开 Symbol Chooser 对话框(图 7-11)。

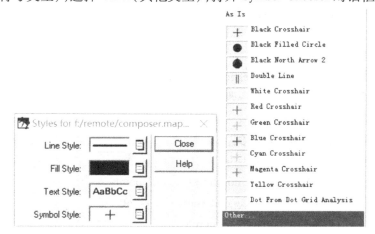

图 7-11 Symbol Chooser 对话框

在 Symbol Chooser 对话框中,确定指北针类型:Standard→North Arrows→North Arrow,确定使用颜色(Use Color)并选择指北针颜色。

→指北针符号大小(Size):30,指北针符号单位(Units):Paper pts

→Apply(应用指北针符号类型定义参数)→OK(关闭 Symbol Chooser 对话框)→Close(关

闭 Styies for Composer 对话框)

• 放置指北针符号(Create Symbol):

在 Annotation 工具面板上,单击 Create Symbol 图标 ✚,在 Map Composer 视窗的图形窗口中合适的位置单击左键,定义放置指北针位置。

(5)放置地图图名

• 确定图名字体(Text Styles):

Annotation 工具面板上,单击 Styles 图标 ,打开 Styles for Composer 对话框,选择 Text Styles(字体类型),选择 other,打开 Text Style Chooser 对话框。

Text Style Chooser 对话框包含 Standard 和 Custom 两个栏目,对应不同的设置项目,需要分别进行设置。首先单击 Standard 标签,进入 Standard 栏目,设置参数:

选择图名字体:Black Galaxy Bold

确定图名字符大小(Size):10

确定图名字符单位(Units):Paper pts

设置完成单击 Apply 按钮,再单击 OK 按钮,关闭 Text Style Chooser 对话框(图 7-12)。然后单击 Custom 标签,进入 Custom 栏目,设置参数。

→图名字符大小及单位(Size):10 paper pts

→选择图名字体:Goudy-Old-Style

→图名字符倾斜角度(ItalicAndle):15.0

→图名字符下划线参数(Underline Offset/Width):15/5

→图名字符阴影参数(Shadow Offset X/Y):2/2

→图名字符及阴影颜色(Fill Style):

→Apply(应用字体参数定义)

→OK(关闭 Text Style Chooser 对话框)

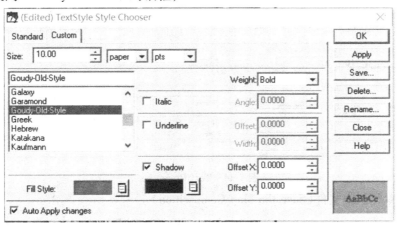

图 7-12　Text Style Chooser 对话框

• 放置地图图名(Create Text):

在 Annotation 工具面板上,单击 Create Text 图标 **A**,在 Map Composer 视窗的图形窗口

中合适的位置单击左键,定义放置图名位置,打开 Annotation Text 对话框(图 7-13),在对话框中输入图名字符串,单击 OK 按钮,图名就放置在刚才指定的位置。

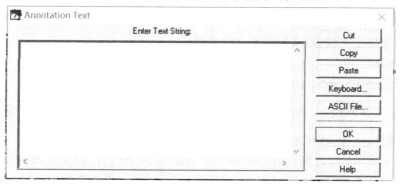

图 7-13　Annotation Text 对话框

• 编辑地图图名(Text Properties):

地图图名放置以后,可通过双击地图图名打开 Text Properties(图 7-14)对图名再次进行编辑。

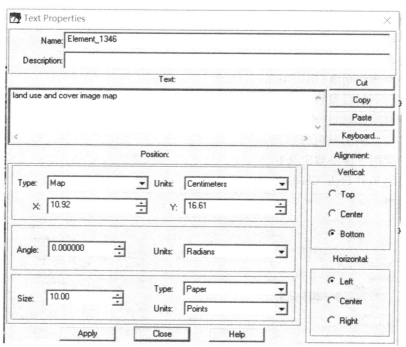

图 7-14　Text Properties

(6)保存专题制图文件(Save the Map Composition)

在 Map Composer 工具条上单击 Save Composition 图标 ,保存制图文件(*Map)

(7)专题地图打印输出(Print the Map Composition)

在 Map Composer 工具条上单击 Print Composition 图标 ,打开 Print Map Composition 对话框(图 7-15),进行参数设置,并打印。

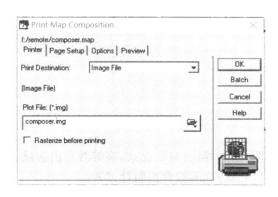

图 7-15 Print Map Composition 对话框

习题 7

下载遥感影像，并应用 ERDSA IMAGING 软件制作土地利用专题图。

考核评价

考核评价表

专业班级		姓名	
实训地点		学号	
实训项目			
实训时间	_____年_____月_____日星期_____第_____至_____节		
实训目的			
实训内容及步骤	（可另附页）		
实训体会与总结	（可另附页）		
实训要点	知识：1. 掌握专题图制作的要素 　　　2. 掌握专题图制作流程 技能：1. 学会专题图制作 　　　2. 学会土地利用专题图制作 素质：1. 自主学习，分析问题、解决问题的能力 　　　2. 诚信独立完成工作任务		
实训成绩	优秀□　　良好□　　中等□　　及格□　　不及格□ 　　　　　　　　　　　　　　　　签名：_____ 　　　　　　　　　　　　　　_____年_____月_____日		

参考文献

[1] 梅安新,彭望琭,秦其明. 遥感导论[M]. 北京:高等教育出版社,2001.

[2] 彭望琭. 遥感概论[M]. 北京:高等教育出版社,2002.

[3] 汤国安,张友顺,刘咏梅. 遥感数字图像处理[M]. 北京:科学出版社,2004.

[4] 孙家抦,舒宁,关泽群. 遥感原理、方法和应用[M]. 北京:测绘出版社,1997.

[5] 赵英时. 遥感应用分析原理与方法[M]. 北京:科学出版社,2003.

[6] 孙家抦. 遥感原理与应用[M]. 2版. 武汉:武汉大学出版社,2009.

[7] 尹占娥. 现代遥感导论[M]. 北京:科学出版社,2008.

[8] Thomas M. Lillesang, Ralph W. Kiefer. 遥感图像与解译[M]. 4版. 彭望琭,余先川,周涛,等译. 北京:电子工业出版社,2003.

[9] 温兴平. 遥感技术及其地学应用[M]. 北京:科学出版社,2017.

[10] 闫利. 遥感图像处理实验教程[M]. 武汉:武汉大学出版社,2010.

[11] 魏文寿. 卫星遥感应用[M]. 北京:气象出版社,2013.

[12] 万余庆,谭克龙,周日平. 高光谱遥感应用研究[M]. 北京:科学出版社,2006.

[13] 党安荣,贾海峰,陈晓峰,等. ERDAS IMAGINE 遥感图像处理教程[M]. 北京:清华大学出版社,2010.

[14] 杨昕,汤国安,邓凤东,等. ERDAS 遥感数字图像处理实验教程[M]. 北京:科学出版社,2009.

[15] 韦玉春,汤国安,杨昕,等. 遥感数字图像处理教程[M]. 北京:科学出版社,2007.

[16] 汪金花,李孟倩,郭力娜,等. 遥感技术与应用实验和实习教程[M]. 北京:测绘出版社,2019.

[17] 何宁,吕科. 遥感图像处理关键技术[M]. 北京:清华大学出版社,2015.

[18] 张召才. 吉林一号卫星组星[J]. 卫星应用,2015(11):1.

[19] 李双艺,董杰."吉林一号":我国首颗自主研发商用遥感卫星[J]. 新长征:党建版,2015(11):1.

[20] 李贝贝,韩冰,田甜,等. 吉林一号视频卫星应用现状与未来发展[J]. 卫星应用,2018(3):23-27.

[21] 王冬梅. 遥感技术与制图[M]. 武汉:武汉大学出版社,2015.

[22] 官云兰,吴华玲. 遥感测量[M]. 2版. 郑州:黄河水利出版社,2021.

[23] 李德仁,张华. 我国测绘遥感技术发展的回顾与展望[J]. 中国测绘,2019(2):4.